LEÇONS ÉLÉMENTAIRES D'HISTOIRE NATURELLE,

PAR DEMANDES ET PAR RÉPONSES,

A L'USAGE DES ENFANTS.

OUVRAGES DU MÊME AUTEUR,

Qui se trouvent chez le même Libraire.

Beautés de l'Histoire naturelle de Buffon, ou Leçons sur les Mœurs et l'industrie des Animaux ; seconde édition, ornée de 22 planches, contenant 174 figures ; 2 vol. *in*-12, *Paris*, 1819.

Leçons élémentaires d'Agriculture, par demandes et par réponses, avec une suite de questions sur l'Agriculture, la Topographie et la Minéralogie, pour l'instruction de la jeunesse, *in*-12, *Paris*.

Leçons élémentaires sur le Choix et la Conservation des grains, la Meunerie, la Boulangerie, et sur la manière de faire le pain, etc. suivies d'un Catéchisme, *à l'usage des habitans de la Campagne*, *in*-12, *Paris*.

Leçons élémentaires d'Histoire naturelle, *à l'usage des jeunes gens* ; seconde édition ornée de cent figures, *in*-12, *Paris*.

Leçons élémentaires de Physique, d'Hydrostatique, d'Astronomie et de Météorologie, avec un Traité de la Sphère, par demandes et par réponses, *à l'usage des jeunes gens*, *in*-12, orné de *six cartes*, *Paris*.

Manuel d'Histoire naturelle, petit *in*-8°, *Paris*.

Mémoires sur les Araignées, *in*-12, *Paris*.

LEÇONS ÉLÉMENTAIRES D'HISTOIRE NATURELLE,

PAR DEMANDES ET PAR RÉPONSES, A L'USAGE DES ENFANTS;

Par L. COTTE, Correspondant de l'Institut de France, etc.

QUATRIÈME ÉDITION,

Revue, corrigée et ornée de plus de cent figures.

Invisibilia enim ipsius, à creaturâ mundi, per ea quæ facta sunt, intellecta, conspiciuntur, sempiterna quoque ejus virtus et divinitas; ita ut sint inexcusabiles.

Epist. ad Rom. cap. I. ℣. 20.

PARIS,

DE L'IMPRIMERIE D'AUG. DELALAIN,

Libraire, rue des Mathurins-St.-Jacques, n° 5.

1819.

PRÉFACE.

JE dois faire l'aveu, en commençant cette Préface, que je n'avois point en vue les Enfants, lorsque je m'occupai à rédiger des Leçons d'Histoire naturelle, en 1781 : je me proposois d'instruire les jeunes gens d'un certain âge, et je ne faisois point attention qu'en voulant construire un édifice, j'en oubliois les fondements; c'est la réflexion que me fit faire une personne qui a formé et exécuté plusieurs projets utiles à l'instruction de la jeunesse; j'ai voulu réparer cette omission en rédigeant de nouvelles Leçons en forme de Catéchisme que j'offre aux Enfants, afin de les rendre capables peu à peu d'entendre les grandes Leçons qu'on leur mettra entre les mains, lorsqu'ils seront un peu plus avancés en âge.

J'ai suivi dans ces petites Leçons, une marche opposée à celle que j'avois adoptée dans les grandes. J'ai cru que la méthode d'Analyse étoit plus à la portée des Enfants ; en conséquence j'ai commencé par les objets d'Histoire naturelle les plus simples, les plus communs et les plus exposés à la vue des Enfants. J'ai suivi en cela l'exemple de M. *Pluche*, dans son *Spectacle de la Nature*, que j'ai pris pour modèle ; et afin d'en rendre la lecture plus intéressante aux Enfants, j'ai eu soin de marquer les endroits de cet excellent ouvrage, où ils trouveront des détails sur les différents objets que je traite dans mes Leçons. Ils ne seront pas surpris de rencontrer quelquefois dans ces Leçons, des faits dont M. *Pluche* n'a point parlé; il ne le pouvoit pas, puisqu'ils ont été découverts depuis l'époque où son ouvrage a paru.

Du reste, ces petites Leçons sont calquées sur les grandes, dont elles offrent les points les plus essentiels dans le même ordre systématique où ils sont traités dans les Leçons destinées aux jeunes gens; c'est-à-dire que je ne me suis pas écarté de l'ordre systématique que j'ai adopté pour chaque règne dans les grandes Leçons, parce qu'on ne peut pas accoutumer trop tôt les Enfants à mettre de l'ordre et de la méthode dans leurs études, afin d'en mettre aussi dans leurs idées.

Il me reste à faire des vœux, pour que les Enfants répondent au désir que j'avois en rédigeant ces Leçons destinées à leur usage ; c'est de disposer de bonne heure leurs jeunes cœurs au sentiment si doux de la reconnoissance envers leur divin Auteur, à voir toujours avec intérêt les ouvrages admirables du Créateur, et de piquer leur curiosité, afin de leur inspirer le désir de cultiver par la suite une science si propre par elle-même à satisfaire l'envie de savoir, qui est naturelle aux jeunes gens, et à calmer les passions par des distractions utiles, par des promenades d'autant plus agréables, que tous les objets qu'ils auront sous les yeux les intéresseront.

LEÇONS ÉLÉMENTAIRES D'HISTOIRE NATURELLE,

PAR DEMANDES ET RÉPONSES,

A L'USAGE DES ENFANTS.

LEÇON PRÉLIMINAIRE.

Sur l'utilité de l'Histoire naturelle, la manière de l'étudier, et son objet (1).

D. QU'EST-CE que l'Histoire naturelle?

R. L'Histoire naturelle est la connoissance de tout ce que Dieu a fait pour l'homme dans l'ordre de la Nature; de même que l'Histoire de la

(1) Voyez la Préface du *Spectacle de la Nature*, tome I.

Religion, est la connoissance de tout ce que Dieu a fait pour l'homme dans l'ordre de la grace.

D. Qu'est-ce que Dieu a fait pour l'homme dans l'ordre de la Nature ?

R. Dieu a créé la Terre et les Cieux, il les a ornés et embellis d'une infinité de créatures animées et inanimées, et il a ensuite créé l'homme lui-même, afin qu'il fût le Roi et le maître de toutes ces créatures.

D. Quel droit cette qualité de Roi et de maître donne-t-elle à l'homme sur les créatures ?

R. Cette qualité lui donne le droit de se servir des créatures pour les usages de la vie.

D. L'homme a-t-il droit de faire des créatures tel usage qu'il lui plaît ?

R. Oui, pourvu que l'usage qu'il en fait soit raisonnable et conforme aux vues de Dieu qui lui défend d'en abuser.

D. Qu'est-ce qu'abuser des créatures?

R. C'est, 1° s'attacher aux créatures, 2° en faire sa dernière fin et l'objet de son bonheur, 3° négliger de s'en servir pour s'exciter à la reconnoissance envers le divin Auteur.

D. Peut-on se préserver de cet abus des créatures?

R. Oui, on peut s'en préserver avec la grace de Dieu, et en se servant des moyens qu'il nous indique pour éviter cet abus.

D. Quels sont ces moyens?

R. Dieu nous invite souvent dans l'Ecriture-Sainte, par les magnifiques descriptions qu'il fait de ses œuvres admirables, Dieu, dis-je, nous invite à les contempler, à les étudier, pour nous convaincre qu'elles portent toutes l'empreinte d'une sagesse et d'une puissance infinie.

D. Citez-nous quelques-unes de ces descriptions?

R. Le S. Esprit dans les Livres de la Sagesse, nous peint le Verbe de Dieu se jouant en quelque sorte en faisant sortir du néant toutes les créatures qui remplissent l'univers; et le Livre de la Genèse nous apprend que la seule parole de Dieu a suffi pour leur donner l'existence. Le même Esprit Saint nous invite par la bouche de David à admirer le magnifique spectacle que nous offrent les Cieux, la régularité du Soleil dans sa marche, l'éclat et la douce influence de cet astre. Nous lisons dans le Livre *de Job* une magnifique description du cheval, et des différents animaux que Dieu a créés pour notre utilité.

D. Quel est le but du Saint-Esprit dans ces différentes descriptions ?

R. Le but du Saint-Esprit n'est pas seulement de satisfaire notre curiosité, il veut en même temps exciter dans notre cœur des sentiments d'adoration, d'amour et de reconnoissance.

D. Quel est donc le but de l'Histoire naturelle?

R. Le but de l'Histoire naturelle est d'éclairer notre esprit par la connoissance des œuvres de Dieu, et d'embrâser nos cœurs d'un désir sincère de rendre à un Dieu si puissant et si bon, l'hommage de l'adoration, de l'amour et de la confiance que nous lui devons à tant de titres.

D. L'Histoire naturelle fait donc partie de l'Histoire de la Religion ?

R. Oui, elle en fait partie et une partie essentielle, puisqu'elle nous fournit continuellement de nouveaux motifs d'aimer Dieu, de reconnoître ses bienfaits; qu'elle est à la portée des plus simples comme des plus savants, et que le Spectacle de la Nature est un grand livre ouvert à tous, dont la lecture profite souvent plus aux simples qu'aux savants.

D. Pourquoi dites-vous que l'Histoire naturelle profite souvent plus aux simples qu'aux savants?

R. C'est que les simples n'ont ordinairement que Dieu en vue dans l'étude de la Nature, et les savants n'y mêlent que trop souvent des vues humaines, des désirs de briller et de faire parade de leurs connoissances, une trop grande curiosité pour vouloir approfondir ce que Dieu a caché à leurs yeux.

D. Quelles sont donc les dispositions avec lesquelles on doit étudier l'Histoire naturelle?

R. On doit l'étudier avec un esprit de soumission, d'amour et de reconnoissance, c'est-à-dire, 1° qu'il ne faut jamais s'écarter du Texte de l'Ecriture-Sainte, dans l'explication qu'on donne des effets naturels; 2° ne pas prétendre expliquer tout, puisque la Nature nous offre encore plus de mystères que la Religion; 3° ne jamais perdre de vue l'Auteur de toutes les merveilles semées sur nos pas; 4° tirer des règles de conduite de tous les faits que nous offre l'Histoire naturelle; c'est ainsi que le Saint-Esprit renvoie le paresseux à la fourmi, et confond l'ingrat par l'exemple du bœuf qui connoît son maître.

D. Quel est l'objet de l'Histoire naturelle?

R. L'Histoire naturelle s'étend à tout ce qui existe dans la Nature; mais comme l'esprit de l'homme est borné, il a fallu établir des divisions qui, quoiqu'elles n'existent pas dans la Nature, sont cependant très-utiles pour mettre de l'ordre dans nos idées et rendre nos connoissances plus certaines.

D. Comment divise-t-on ordinairement l'Histoire naturelle?

R. On divise l'Histoire naturelle en trois parties que l'on appelle *Règnes*; savoir, le *Règne animal*, qui traite des animaux, le *Règne végétal*, qui traite des végétaux ou des arbres et des plantes, et le *Règne minéral*, qui traite des minéraux, c'est-à-dire des terres, des sables, des pierres, des minéraux et des métaux, des fossiles, ou des corps appartenants aux Règne animal et végétal que l'on trouve dans la terre. Nous commencerons par le Règne animal, et nous ne traiterons que des Insectes.

PREMIÈRE PARTIE.

RÈGNE ANIMAL.

PREMIÈRE LEÇON.

Division du Règne animal, utilité de l'étude des Insectes.

D. Qu'est-ce que le Règne animal ?

R. Le Règne animal est celui qui renferme toutes les espèces d'Animaux que Dieu a créés.

D. En combien de classes d'animaux divise-t-on le Règne animal.

R. On divise le Règne animal en sept classes d'animaux ; dans la première, on place l'homme, qui étant composé de corps et d'ame, appartient au Règne animal par son corps, en même temps que son ame met une distance infinie entre lui et les animaux, puisqu'elle est spirituelle de sa nature, et qu'elle a été faite à l'image de Dieu.

D. Quelles sont les six autres classes d'animaux renfermées dans le Règne animal ?

R. Ces six autres classes sont, 1° les *Quadrupèdes* ou les animaux à quatre pieds, comme le cheval, le chien, etc. 2° les *Oiseaux* qui habitent l'air, 3° les *Poissons* qui vivent dans l'eau, 4° les *Amphibies* qui peuvent vivre dans l'air et dans l'eau, comme les grenouilles, les loutres, les rats-d'eau, l'hyppopotame ou cheval de rivière, etc. 5° Les *Insectes* dont nous allons parler. 6°. Les *Vers* qui passent toute leur vie dans cet état, et qu'il ne faut pas confondre avec ces insectes que l'on trouve dans les fruits, dans le fromage, dans la chair corrompue, etc. et que l'on appelle improprement vers.

D. Quelle est de toutes ces classes d'animaux, celles qu'il nous importe le plus de connoître ?

R. Tout ce qui est sorti des mains du Créateur est également admirable, et mérite également notre attention; mais nous croyons que la classe des Insectes est celle qu'il nous importe le plus de connoître.

D. Pourquoi donnez-vous la préférence à la classe des Insectes?

R. Nous donnons la préférence à la classe des Insectes, 1° parce que c'est celle qui est la plus nombreuse, 2° parce que les Insectes sont de tous les animaux ceux qui s'offrent le plus souvent à nos regards, et qu'il nous est le plus aisé d'observer, 3° parce que, selon notre manière de juger, la puissance de Dieu se manifeste davantage dans les petits objets que dans les grands, 4° parce que les Insectes nous fournissent une infinité de faits curieux et intéressants, qui nous peignent la bonté de Dieu, qui a pourvu, avec une attention singulière, à la conservation et à la subsistance de tant de petits êtres.

D. Pourquoi dites-vous que la puissance de Dieu se manifeste davantage dans les petits objets que dans les grands?

R. C'est que, quoique tout soit également facile à Dieu, puisqu'il est tout-puissant, il nous semble qu'il est plus difficile de renfermer dans un petit Insecte, toutes les parties propres à sa conservation et à sa reproduction, que de créer ces mêmes parties dans un grand animal, de même qu'il y a plus d'habileté à faire une montre qu'une horloge.

D. Ne croyez-vous pas au contraire que la petitesse et la prodigieuse multiplication des Insectes, justifie le mépris qu'on en fait ?

R. Nous le croirions ainsi, si nous n'avions pas appris à ne jamais mépriser ce que nous ignorons ; et nous espérons que les lumières que vous nous donnerez sur cette belle partie de l'Histoire naturelle, nous engageront à plaindre au contraire ceux qui méprisent les ouvrages de Dieu, parce qu'ils ne veulent point s'appliquer à les connoître.

D. Quel fruit espérez-vous donc retirer de l'étude des Insectes ?

R. Le fruit que nous en retirerons, sera, 1° de nous convaincre de plus en plus de la grandeur et de la puissance de Dieu, 2° de nous exciter à la confiance en Dieu, et de croire que s'il prend ainsi un soin particulier des plus petits Insectes, il aura aussi soin de nous, 3° de rendre nos amusements et nos récréations utiles, en les consacrant à la recherche et à l'observation des Insectes.

DES INSECTES.

SECONDE LEÇON.

Définition, division et caractère distinctif des Insectes (1).

D. Qu'est-ce qu'un Insecte?

R. Un Insecte, est un petit animal, dont le corps est composé de plusieurs sections ou parties jointes ensemble par des espèces d'étranglements ou intersections.

D. Pourquoi donne-t-on à ces petits animaux le nom d'Insectes.

(1) Spect. de la Nat., t. I. pag. 6.

R. On leur donne le nom d'Insecte, à cause de la forme de leur corps dont nous venons de parler, car le mot Insecte vient du latin *secare, seco*, qui veut dire couper.

D. Tous les Insectes ont-ils le corps divisé ainsi par étranglements ou sections?

R. Parmi les Insectes, les uns sont composés d'anneaux ou de lames écailleuses qui rentrent les unes sur les autres, et ce sont les *Insectes proprement dits;* les autres qu'on pourroit appeler *Insectes testacés* ou *cuiracés*, n'ont point de pareils anneaux, mais sont recouverts d'une espèce de croûte entière, ferme, souvent assez dure, comme on le voit dans les crabes, les araignées, etc.

D. A quelle marque distingue-t-on les Insectes de toutes les autres espèces d'animaux?

R. Le caractère distinctif des Insectes, est d'avoir la tête ornée de deux espèces de cornes mobiles, que l'on appelle *antennes*, qui varient infiniment pour la grandeur et la forme, mais qui sont toutes d'une structure admirable.

D. Quel usage les Insectes font-ils de leurs antennes?

R. On ne connoît pas trop l'usage que les Insectes font de leurs antennes, on pourroit soupçonner qu'ils s'en servent comme de main pour tâter et examiner les corps.

D. Sur quoi est fondé ce soupçon que vous formez sur l'usage des antennes?

R. Je le fonde sur une remarque que j'ai faite; savoir, que lorsque ces petits animaux marchent, ils étendent leurs antennes en avant, les font mouvoir presque continuellement, et semblent avec cette partie sonder le terrain et toucher les différents corps qui les environnent.

TROISIÈME LEÇON.

Différentes parties des Insectes. Les yeux et la bouche (1).

D. De combien de parties le corps des Insectes est-il composé?

R. Le corps des Insectes est composé de trois parties; savoir, la *tête*, le *corcelet* ou *thorax*, qui répond à la poitrine des autres animaux, et le *ventre*.

D. Que trouve-t-on de remarquable dans la tête des Insectes?

R. On y trouve trois choses, 1° les antennes dont nous avons parlé, 2° les yeux, 3° la bouche.

D. Tous les Insectes ont-ils un égal nombre d'yeux?

R. Le nombre des yeux varie beaucoup parmi les Insectes; les uns, comme les Cyclopes de la fable, n'ont qu'un œil, tels sont les *monocles*, qui vivent dans l'eau; les autres, et c'est le plus grand nombre, ont deux yeux; d'autres

(1) Spect. de la Nat., t. I. pag. 6.

en ont cinq, d'autres en ont huit, etc.

D. Tous les yeux des Insectes ont-ils la même forme ? (1).

R. Il y a encore beaucoup de variétés dans la forme des yeux des Insectes; parmi ceux qui ont deux yeux, les uns les ont lisses comme les nôtres; les autres ont des yeux taillés à facettes, comme les verres multiplians; d'autres, outre ces deux yeux à facettes, ont encore trois autres petits yeux lisses placés sur le sommet de la tête, telles sont les abeilles, les guêpes, et un grand nombre de mouches.

D. Quel est l'usage de ces yeux à facettes dont vous venez de parler?

R. L'usage de ces yeux taillés à facettes, est de représenter à l'Insecte tous les objets qui l'environnent.

D. L'Insecte ne verroit-il pas égalément ces objets avec des yeux lisses?

R. Non, l'Insecte ne verroit que les objets qui seroient à côté de ses yeux, parce que ses yeux sont fixes; ils ne sont pas mobiles comme les nôtres, et les facettes qui les couvrent en ré-

(1) Spect. de la Nat., tom. I. pag. 194.

fléchissant des rayons de toutes parts, suppléent au mouvement que l'Insecte ne peut leur donner.

D. Le nombre de ces facettes est-il considérable ?

R. Il est prodigieux dans certaines espèces d'insectes. *Lewenhoëk*, célébre Naturaliste, en a compté plus de 3000 sur la cornée d'un scarabé, et M. *Puget*, plus de 8000 sur celle d'une mouche, et plus de 17000 sur l'œil d'un papillon.

D. Les Insectes voient donc les objets autant de fois répétés qu'il y a de facettes sur leurs yeux ?

R. Nous devons raisonner des Insectes comme de nous-mêmes. Quoique nous ayons deux yeux, nous ne voyons cependant pas les objets doubles : il y a donc apparence que les Insectes voient les objets simples, quoiqu'ils se peignent une infinité de fois dans leurs yeux.

D. La bouche des Insectes a-t-elle quelque chose de remarquable ?

R. La forme de la bouche des Insectes varie selon les différentes espèces d'Insectes.

D. Donnez-nous une idée des différentes formes de la bouche des Insectes?

R. Les uns ont une bouche armée de fortes mâchoires qui leur servent à diviser et à broyer les matières dont ils se nourrissent; ces mâchoires agissent de bas en haut dans quelques espèces, et de droite à gauche comme des ciseaux dans d'autres espèces, telles que les chenilles, les abeilles, les guêpes, etc. Les autres ont une trompe, tantôt mobile, tantôt immobile, avec laquelle ils pompent les sucs qui leur servent de nourriture; enfin quelques-uns paroissent ne pouvoir prendre aucun aliment, tel est le phalène ou le papillon du ver à soie.

D. Le papillon du ver à soie ne peut donc pas manger?

R. Le papillon du ver à soie ne peut pas manger, mais aussi il n'en a pas besoin, n'ayant que très peu de temps à vivre sous cette forme.

D. La bouche des Insectes n'offre-t-elle pas encore quelque particularité?

R. Oui, la bouche de plusieurs Insectes est encore accompagnée de deux ou de quatre petites antennes qu'on appelle *antennules*.

D. Quel est l'usage de ces antennules?

R. Leur usage est de servir comme d'espèces de mains, pour retenir les matières que mange l'Insecte et qu'il tient à sa bouche.

QUATRIÉME LEÇON.

Suite des différentes parties des Insectes. Le corcelet et le ventre.

D. QUELLES sont les autres parties des Insectes que nous devons examiner?

R. Outre la tête, dont nous avons parlé, nous avons encore distingué le *corcelet* et le *ventre*.

D. Qu'est-ce que le corcelet des Insectes?

R. Le corcelet est cette partie qui répond à la poitrine des autres animaux, qui tient à la tête par devant, et par derrière au ventre, au moyen d'un étranglement souvent fort étroit, comme dans les guêpes, les mouches-ichneumons, etc.

D. Que voit-on à l'extérieur du corcelet?

R. On y voit trois choses; 1° les ailes et les fourreaux des ailes dans les Insectes ailés; 2° les pattes ou une partie des pattes; 3° quelques-uns des organes qui servent à la respiration de l'Insecte, et que l'on appelle *stigmates*.

D. Qu'entendez-vous par les ailes des Insectes?

R. Ce sont ces membranes extrêmement minces attachées au corcelet, au nombre de deux dans les uns, comme la mouche commune, et au nombre de quatre dans les autres, comme les demoiselles, les abeilles, les papillons, etc.

D. Ces ailes sont-elles les mêmes chez tous les Insectes?

R. Les ailes varient beaucoup pour la forme, la grandeur et le tissu; elles ressemblent à une lame transparente chez les mouches, à une gaze, chez les demoiselles, à une mosaïque, chez les papillons.

D. Qu'entendez-vous par des ailes en mosaïque?

R. J'entends que la membrane des ailes des papillons, des teignes, etc. est couverte de petites écailles de différentes couleurs, arrangées avec symmétrie comme les tuiles d'un toit.

D. Ce que vous appelez écaille, n'est-ce pas cette poussière qui s'attache aux doigts lorsqu'on touche un papillon (1).

R. Oui, mais le microscope nous apprend que cette prétendue poussière est très-artistement travaillée, et qu'elle sert, par la variété des couleurs, à donner aux ailes des papillons, cette beauté et cet éclat qu'on ne peut se lasser d'admirer.

D. Pourquoi certains Insectes ont-ils quatre ailes, tandis que d'autres n'en ont que deux?

R. Nous ne pouvons point rendre raison de ce qui dépend de la volonté de Dieu; mais il a donné aux Insectes à deux ailes, deux espèces de petits

(1) Spect. de la Nat., t. I, pag. 63. M. Pluche se trompe en appelant cette poussière des plumes.

balanciers qu'on ne trouve point parmi les Insectes à quatre ailes.

D. Où se trouvent ces balanciers, et quel est leur usage?

R. Ces balanciers se trouvent sous l'attache des deux ailes, et suppléent sans doute au défaut des deux autres ailes qui manquent.

D. Quel est le nombre des pattes des Insectes?

R. Ce nombre varie beaucoup, les uns en ont 6, d'autres 8, d'autres 10, certains Insectes, comme les cloportes, en ont 16. Les scolopendres et les jüles qu'on appelle *millepieds*, en ont jusqu'à 70 et 120 de chaque côté.

D. De combien de parties sont composées les pattes des Insectes?

R. Elles sont composées de trois parties; la première qui naît du corcelet, s'appelle la *cuisse*; la seconde qui est jointe à la cuisse et qui est quelquefois plus grosse, s'appelle la *jambe*; la troisième qui termine la patte et qui en est comme le pied, s'appelle le *tarse*.

D. Qu'est-ce que le tarse?

R. Le tarse est composé d'anneaux articulés ensemble, et terminé par des ongles ou crochets qui servent à cramponner l'animal ; on y remarque aussi de petites brosses ou pelottes spongieuses, qui s'appliquent exactement contre les corps les plus lisses et les plus polis, et soutiennent l'Insecte ; c'est ainsi que les mouches montent le long d'une glace et s'y soutiennent.

D. Qu'est-ce que l'on appelle stigmates dans les Insectes ?

R. Les stigmates sont des ouvertures oblongues et ovales en forme de boutonnières, par lesquelles l'Insecte respire l'air extérieur.

D. Où sont placés ces stigmates ?

R. Ils sont placés en partie sur le corcelet, et en partie sur le ventre latéralement de chaque côté.

D. Quelles preuves avez-vous que ces ouvertures sont les poumons de l'Insecte ?

R. La preuve que j'en apporte, c'est que si l'on bouche ces ouvertures avec de l'huile, l'Insecte meurt aussitôt ; si l'on ne bouche que les ouvertures d'un côté, ce côté devient paralytique.

D. Quelle est la forme du ventre dans les Insectes ?

R. Le ventre des Insectes est composé de plusieurs anneaux ou demi-anneaux entrelacés les uns dans les autres, et qui lui donnent la faculté de s'étendre, de se raccourcir, et de se porter en différents sens.

D. Le ventre a-t-il la même forme chez tous les Insectes ?

R. Le ventre n'a la forme dont nous venons de parler que chez les Insectes ailés ; à l'égard des autres, comme les araignées, les vers, etc. leur ventre n'est formé que d'une seule pièce.

D. Que remarque-t-on à l'extrémité du ventre de plusieurs Insectes ?

R. On y remarque un aiguillon.

D. Quel est l'usage de cet aiguillon ?

R. L'aiguillon est une arme défensive chez les uns, comme les abeilles, les guêpes, etc. ; chez les autres, c'est un instrument qui leur sert comme de tarrière pour déposer leurs œufs dans la terre ou sous l'écorce des arbres, ou dans le corps de quelqu'animal ou Insecte ; aussi plusieurs sont-ils faits en forme de scie.

CINQUIÈME LEÇON.

Origine des Insectes, leurs métamorphoses ou leur développement (1).

D. L'ORIGINE des Insectes est-elle différente de celle des autres animaux?

R. Non, l'origine des Insectes ne diffère pas de celle des autres animaux, puisqu'ils sont aussi parfaits dans leur espèce que le sont les autres animaux; ils ont donc comme eux un père et une mère.

D. N'y a-t-il pas des Insectes qui sont engendrés par la corruption?

R. C'est une vieille erreur que l'on a tenté de renouveler dans ce siècle-ci, mais que tous les bons esprits rejettent, parce qu'elle est contraire à la raison et à l'observation.

D. Comment cette erreur est-elle contraire à la raison?

R. C'est qu'il répugne à la raison que le hasard, qui est un mot vide de sens, puisse former des êtres aussi bien

(1) Spect. de la Nat., t. 1, pag. 16-36.

organisés; et c'est ce qui arriveroit, si les Insectes tiroient leur origine du concours fortuit de plusieurs molécules en putréfaction.

D. Comment cette erreur est-elle contraire à l'observation?

R. Cette erreur est contraire à l'observation, en ce que les meilleurs Naturalistes ont démontré l'existence des œufs d'où sortent les Insectes, et qu'ils ont vu naître à la manière ordinaire, ceux que l'on croyoit provenir des matières en putréfaction.

D. Qu'est-ce qui a donc pu donner naissance à cette erreur?

R. C'est qu'on a vu souvent des matières corrompues fourmiller d'Insectes, et qu'au lieu de s'appliquer à étudier l'origine de ces Insectes par l'observation, on a trouvé qu'il étoit plus court de dire que ces Insectes naissoient du sein même de la corruption.

D. Pourquoi les Insectes sont-ils si communs dans les matières corrompues?

R. C'est qu'une infinité d'Insectes qui vivent, ou à qui Dieu a appris que leurs petits devoient vivre de ces matières, sont attirés par l'odeur, viennent y déposer leurs œufs; de ces œufs sortent des vers qui se nourrissent aux dépens de ces matières putréfiées, jusqu'à ce qu'ils passent à un autre état où ils deviennent habitants de l'air.

D. Est-ce que les Insectes changent d'état?

R. Oui, les Insectes passent par plusieurs états; et le papillon qui est si vif et si léger, a commencé par être une lourde chenille qui ne savoit que ramper et manger.

D. Tous les papillons ont donc été chenilles?

R. Oui, tous les papillons ont été chenilles, et le ver à soie, par exemple, est la chenille du papillon que l'on voit sortir du cocon que la chenille s'étoit filé.

D. Les mouches, les teignes, etc. passent-elles aussi par différents états?

R. Oui, les mouches et les teignes ont été vers avant de devenir mouches et teignes, et il en faut dire autant de toutes les espèces d'Insectes ailés, car il n'y a que les Insectes sans ailes, qui naissent sous la forme où on les voit, excepté la puce ; aussi les Insectes devenus ailés par leurs métamorphoses, ne croissent plus, au lieu que les autres prennent de l'accroissement, jusqu'à ce qu'ils soient parvenus à leur grosseur ordinaire.

D. Expliquez-nous les différentes métamorphoses des chenilles et des vers ?

R. Voici l'ordre de ces métamorphoses, ou plutôt de ce développement ; car le papillon est contenu dans la chenille ; la mouche, la teigne, le scarabé étoient dans le ver qui leur servoit comme de fourreau ou de masque.

1° Il sort une chenille ou un ver d'un œuf ; cette chenille, ce ver mange, grossit, change plusieurs fois de peau et de couleur ; 2° cette chenille, ce ver parvenu à sa grosseur, se file une coque, ou s'enfonce en terre : elle se dépouille pour la dernière fois de sa peau, se change en féve ou en chrysalide ; 3° dans cette féve ou cette chrysalide, sont contenus les membres du papillon, mais dans un état liquide comme de la bouillie ; 4° avec le temps ces membres prennent de la consistance, et lorsque le papillon ou la mouche sont entièrement formés, ils sortent de l'enveloppe de la féve, ou de la chrysalide, pour devenir habitants des airs, travailler à leur réproduction, et mourir ensuite.

D. D'où provenóient les œufs qui ont donné naissance aux chenilles ou aux vers ?

R. Ces œufs avoient été pondus par des papillons ou des mouches, ou des scarabés; car ce n'est que dans cet état de papillon, de mouche, de scarabé, qu'ils sont animaux parfaits, et capables de se reproduire.

D. Quelle preuve pourriez-vous me donner de la vérité de tout ce que vous venez de me dire sur le développement des Insectes (1)?

R. Nous pouvons le prouver en citant l'exemple du ver à soie que nous voyons sortir d'un œuf, qui vit pendant quelque temps sous la forme de chenille, qui change plusieurs fois de peau, qui se file une coque, s'y change

(1) Spect. de la Nat., t. I, pag. 65-88.

en féve, en sort ensuite sous la forme de papillon pour pondre des œufs qui donneront des vers à soie l'année suivante; et ce que nous observons dans le ver à soie, doit avoir lieu à l'égard des autres chenilles, parce que la nature est uniforme dans ses lois.

D. Quelle réflexion ces différentes métamorphoses vous donnent-t-elles lieu de faire?

R. Ces métamorphoses sont pour nous une figure de la résurrection de nos corps, qui après avoir cru et passé par différents états, meurent, sont mis en terre pour en sortir dans un état plus glorieux qu'ils n'étoient auparavant.

D. Croyez-vous maintenant qu'on puisse attribuer au hasard, l'existence d'animaux qui nous offrent des faits aussi merveilleux?

R. Nous croyons au contraire que ce seroit faire injure à Dieu, que d'attribuer au hasard l'existence des Insectes, où Dieu nous montre si évidemment les preuves les plus éclatantes d'une sagesse et d'une providence qui semblent multiplier les merveilles à proportion que les êtres paroissent plus méprisables; d'ailleurs, si les chevaux, les chiens, les chats, ne sont pas l'ouvrage du hasard, je dois par la même raison, croire que les Insectes ne sont pas non plus le produit de la corruption.

SIXIÈME LEÇON.

Nourriture et division des Insectes.

D. QUELLE est la nourriture des Insectes?

R. Les Insectes vivent plus communément sur les plantes.

D. Les Insectes vivent-ils indifféremment sur toutes sortes de plantes?

R. Il y a quelques espèces d'Insectes auxquels toutes les plantes paroissent indifférentes, mais c'est le plus petit nombre; et l'on peut dire que chaque plante a son Insecte ou ses Insectes particuliers qui la dévorent.

D. Les feuilles des plantes sont-elles seules exposées aux ravages des Insectes?

R. Outre les feuilles qui sont rongées par quelques Insectes, comme les chenilles, les teignes, toutes les autres parties des plantes servent aussi de nourriture à certains genres d'Insectes; les uns attaquent les racines, les autres les tiges, d'autres la moëlle, d'autres les fleurs, d'autres le fruit. Quelques-uns, comme les abeilles, les papillons, ne prennent que la liqueur sucrée qui se trouve au fond du calice des fleurs; quelques autres, comme les vers des scarabés, se nourrissent sous l'écorce et dans les troncs des arbres pourris.

D. Les Insectes sont-ils carnassiers?

R. Oui, il y a des Insectes qui vivent aux dépens des autres animaux dont ils sucent le sang: quelques-uns se nourrissent de la crasse des animaux, un grand nombre trouvent la vie dans la chair corrompue des animaux morts; quelques-uns se bornent à ronger les plumes et les poils des animaux empaillés ou de pelleteries; en un mot on trouve des Insectes partout, dans les matières les plus fétides, dans le bois, et même dans la pierre, ainsi qu'on l'a découvert depuis peu.

D. Ces petits animaux sont donc bien redoutables?

R. Oui, ce sont des ennemis qui nous font une guerre continuelle, quoiqu'ils soient eux-mêmes dans l'ordre, puisque Dieu en les créant a pourvu à leur nourriture, et leur a assigné pour cela les différentes matières dont nous venons de parler. Les Insectes sont souvent aussi entre les mains de Dieu, des fléaux dont il se sert pour nous châtier et nous humilier, en armant contre nous des êtres en apparence aussi vils et aussi méprisables.

D. Y a-t-il quelques caractères qui servent à distinguer les Insectes entre eux?

R. Oui, un examen réfléchi des Insectes, nous y fait remarquer des différences, qui ont servi de caractères pour les distribuer en différentes classes ou sections.

D. Quels sont ces caractères?

R. Les principaux caractères se tirent de l'existence ou de la privation des ailes, de leur nombre, de leur forme, ou leur nature.

D. N'y a-t-il pas encore d'autres caractères?

R. Oui, les Naturalistes ont subdivisé les différentes sections d'Insectes, en plusieurs genres et en plusieurs familles, en faisant attention à la forme de leur bouche, à la forme, et au nombre d'articulations dont leurs antennes et leurs pieds ou leurs tarses sont composés.

D. Quelle est la division des Insectes la plus générale?

R. La division le plus généralement suivie, est celle qu'a adoptée M. *Geoffroy*, dans son *Histoire des Insectes des environs de Paris*; il distribue les Insectes en six sections.

D. Quels sont les caractères de ces sections?

R. Les caractères de ces sections se tirent de la présence ou de l'absence des ailes, de leur nombre, et de leur nature.

D. Expliquez-nous l'ordre de ces sections?

R. La première renferme les Insectes à étuis, c'est-à-dire dont les ailes sont recouvertes d'espèces de fourreaux ou étuis plus ou moins durs, tel est le *hanneton*, on appelle ces Insectes *coléoptères*.

La seconde comprend les *Insectes à demi-étuis*, c'est-à-dire que la moitié des aîles est dure, et l'autre moitié membraneuse, comme la punaise de bois, on les appelle *hémiptères*.

La troisième contient les *tétraptères* ou *Insectes à quatre ailes farineuses*, c'est-à-dire que leurs ailes sont couvertes de cette espèce de poussière dont nous avons parlé ; tels sont les *papillons*.

La quatrième contient les *tétraptères* ou *Insectes à quatre ailes nues*, comme l'*abeille*, la *guêpe*, la *demoiselle*.

La cinquième est composée des *diptères* ou *Insectes à deux ailes*, comme les *mouches communes*, les *taons*, les *tipules*, les *cousins*, etc.

Enfin la sixième renferme les *aptères* ou *Insectes sans aîles*, comme les *araignées*, les *poux*, les *puces*, les *cloportes*, les *millepieds*, les *scolopendres*, etc.

SEPTIÈME LEÇON.

Insectes à étuis, ou coléoptères.

D. QU'APPELEZ-VOUS Insectes à étuis ou coléoptéres?

R. J'appelle Insectes à étuis ou coléoptères, des Insectes dont les ailes sont cachées sous des fourreaux écailleux, dùrs et colorés, comme le hanneton, le cerf-volant, etc.

D. Tous les Insectes à étuis ont-ils des ailes sous leurs fourreaux?

R. Non, il y en a, comme le bupreste, qui n'ont que des fourreaux sans ailes; d'autres, comme le charenson, qui n'ont qu'un seul étui qui n'est point divisé, et qui est adhérent à leur corps.

D. Qu'est-ce que le bupreste?

R. Le bupreste est ce bel Insecte de couleur verte, qui court avec beaucoup de vivacité dans les jardins, et qu'on ne doit toucher qu'avec précaution, parce qu'il mord vivement, et que d'ailleurs il répand une mauvaise odeur.

D. Qu'est-ce que le charenson?

R. Le charenson est ce petit Insecte qui se nourrit de la farine contenue dans chaque grain de blé, et qui, en se multipliant, réduit en son les plus gros tas de blé.

D. Faites-nous l'histoire du charenson ?

R. Le charenson perce un grain de blé et y dépose un œuf; de cet œuf il sort un ver qui se nourrit de la substance du blé, et réduit le grain en une pellicule mince qui, à l'extérieur, ne diffère pas de ceux qui sont sains; le ver se change en chrysalide dans ce grain vide dont il fait sa coque, et sort ensuite sous la forme de charenson ou d'Insecte parfait.

D. Si les grains attaqués par les charensons, ressemblent à ceux qui sont sains, comment peut-on connoître qu'ils sont attaqués ?

R. On le connoît en jetant dans l'eau une poignée de grains de blé; ceux qui sont sains iront au fond, et ceux qui sont attaqués surnageront.

D. Pourquoi les grains de blé attaqués surnagent-ils ?

R. Ils surnagent, parce qu'étant

vides ils sont plus légers que ceux qui sont pleins.

D. Mais ces grains ne sont pas vides, puisqu'ils contiennent les vers des charensons?

R. Cela est vrai, mais ces vers sont plus légers que la farine que contenoient les grains de blé.

D. Y a-t-il quelques moyens de se préserver des charensons?

R. On a publié beaucoup de moyens de s'en préserver et de les éloigner par des odeurs fortes, mais le meilleur est de remuer et de cribler souvent le blé.

D. Le blé est-il le seul grain que les charensons attaquent?

R. Comme il y a plusieurs espèces de charensons, il y a aussi plusieurs espèces de grains qui servent de nourriture à ces différentes espèces d'Insectes, comme les pois, les féves, les lentilles, les têtes d'artichauts, les feuilles de l'orme, etc.

D. Faites-nous connoître quelques autres Insectes à étuis?

R. Les plus communs et ceux que nous connoissons le mieux; sont: 1° le *cerf-volant* ainsi appelé, parce que ses cornes ressemblent au bois d'un cerf; 2° la *vrillette*, ainsi nommée, parce qu'elle perce le bois comme une vrille, se nourrit de sa substance et le détruit; c'est ce qu'on appelle alors du bois vermoulu; 3° le *ver luisant* qui répand de la lumière dans l'obscurité; 4°. le *capricorne*, joli Insecte, dont les cornes ou antennes sont d'une longueur démesurée, et dont une espèce commune sur le saule, répand une odeur de rose; 5° le *gribouri*, qui coupe les jeunes pousses de la vigne, et surtout les grappes; 6° la *cantaride* commune sur les frênes, Insecte paré des plus riches couleurs, mais qu'il faut toucher avec précaution, et qui est d'un grand usage dans la médecine; 7° le *hanneton*, qui n'est que trop connu, qui se nourrit des racines des plantes pendant trois ans qu'il vit en terre sous l'état de ver ou de *man*, et qui se change en hanneton la quatrième année; 8° le *perce-oreille*, ainsi nommé mal-à-propos, parce qu'il est impossible qu'il puisse percer le fond de l'oreille; 9° le *grillon* ou *cri-cri*, dont la plus grande espèce est le *taupe-*

grillon ou la *courtillière* (1), qui fait de grands dégâts dans les potagers; 10°. la *sauterelle;* 11°. le *criquet*, qui ressemble à la sauterelle, mais qui en est distingué par des ailes rouges, au moyen desquelles il s'élève à une petite hauteur.

D. Quel est l'Insecte qui fait ce petit bruit semblable à celui d'une pendule, qu'on entend dans le printemps?

R. On a cru que c'étoit l'araignée; mais on s'est trompé; c'est la vrillette dont nous avons parlé, qui perce les meubles, les tables, avec une espèce de tarière dont elle donne des coups redoublés qui font entendre ce petit bruit.

HUITIÈME LEÇON.

Insectes à demi-étuis, ou hémiptères.

D. QUELLE différence y a-t-il entre les Insectes à demi-étuis et les Insectes à étuis?

R. La différence consiste dans la

(1) Spect. de la Nat., t. I, pag. 212.

forme des fourreaux, qui ont presque la consistance des ailes, qui sont, pour ainsi dire, moitié ailes, moitié fourreaux, et qui tiennent le milieu entre les uns et les autres.

D. Quel est le caractère distinctif de cette classe d'Insectes?

R. Le caractère est dans la forme de leur bouche qui ressemble à une espèce de trompe.

D. Les Insectes de cette classe passent-ils aussi par les trois états de ver, de chrysalide et d'Insecte parfait dont nous avons parlé?

R. Oui, ils passent par tous ces états, mais ils diffèrent des autres Insectes, en ce que dans leurs deux premiers états, qui sont ceux de ver ou larve et de chrysalide, ils ressemblent à l'Insecte parfait, et qu'il ne leur manque que des ailes qu'ils acquièrent pour devenir Insectes parfaits.

D. Quels sont les principaux Insectes qui appartiennent à la classe des Insectes à demi-étuis?

R. Les principaux sont: la *cigale*, la *punaise*, le *puceron*, le *kermès*, et la *cochenille*.

D. Est-il vrai que la cigale chante, ainsi que le dit *La Fontaine ?*

R. La cigale est muette, comme tous les Insectes, le bruit qu'elle fait entendre n'est pas un chant, il est produit par le mouvement alternatif de deux muscles, qui rendent convexes et concaves tour-à-tour deux membranes; ces membranes couvrent deux cavités, que M. *de Réaumur* compare à deux timbales. La cigale mâle a seule cette propriété, et cet Insecte ne se trouve que dans les pays chauds.

D. Faites-moi l'histoire de la punaise?

R. La punaise est une des espèces d'Insectes les plus diversifiées; on en trouve de très-jolies sur presque toutes les plantes, et qui n'ont point la mauvaise odeur que répandent les punaises de lit et les punaises de bois; la plupart sont ailés. La punaise des lits qui est si commune, est peu connue des Naturalistes, qui n'ont point encore pu distinguer les différents états par lesquels elle passe; à l'égard de la punaise de bois, outre sa mauvaise odeur, il faut encore s'en défier, car elle pique fortement.

D. Indiquez-moi quelques moyens dont on puisse se servir pour se délivrer des punaises de lit?

R. Les uns emploient la fumée de tabac, d'autres l'huile de térébentine; le moyen le plus sûr de s'en préserver, est une grande propreté, et d'avoir soin de boucher les trous et les fentes où elles peuvent déposer leurs œufs.

D. Quelle est l'origine des pucerons?

R. Les pucerons sont vivipares, c'est-à-dire produisent des petits vivants en été, et ils pondent en automne des œufs, d'où sortent des pucerons au printemps suivant; il y en a d'ailés et de non ailés.

D. Quel tort ces Insectes font-ils aux plantes et aux arbres?

R. Les pucerons sucent avec leur petite trompe, la substance ou des tiges ou des feuilles, ou des racines, et les dessèchent.

D. Pourquoi voit-on souvent des fourmis se promenant sur les pucerons?

R. Les fourmis que l'on accuse mal-à-propos de tout le tort que font les pucerons, sont attirés vers ces Insectes par une liqueur mielleuse, qui s'échappe presque continuellement de deux tuyaux que le puceron a sur le derrière.

D. Dites-nous un mot du kermès et de la cochenille (1)?

R. Le kermès et la cochenille se ressemblent assez pour la forme et pour les mœurs, ils vivent sur les arbres; et lorsque le temps de la ponte est venu, ils s'attachent aux branches, déposent leurs œufs qu'ils recouvrent avec leurs corps, meurent dans cet état; les œufs sont à l'abri par ce moyen des rigueurs de l'hiver, les petits en sortent au printemps et se répandent sur les arbres.

D. Quel usage fait-on du kermès et de la cochenille?

R. On s'en sert dans les teintures; le kermès qu'on emploie se trouve sur le chêne verd dans les pays chauds, et nous tirons d'Amérique la cochenille qui vit sur l'*opuntia*, ces deux Insectes donnent une belle couleur

(1) Spect. de la Nat., t. I, pag. 204.

rouge d'écarlate, surtout la cochenille; celle de l'orme, fort commune ici, pourroit peut-être donner une aussi belle couleur.

NEUVIÈME LEÇON.

Insectes à quatre aîles farineuses, (*tétraptères.*)

D. POURQUOI appelez-vous les Insectes de cette leçon, *Insectes* à quatre aîles farineuses?

R. Je les appelle ainsi, parce que les aîles de ces Insectes ne sont point transparentes, mais qu'elles sont couvertes d'une espèce de poussière, que nous avons dit être de petites écailles arrangées sur les aîles en forme de tuiles.

D. La classe de ces Insectes est-elle bien nombreuse?

R. C'est la plus nombreuse et la plus brillante, pour la vivacité des couleurs, et l'agilité de ces Insectes.

D. Quels sont donc ces Insectes si beaux et si agiles (1)?

(1) Spect. de la Nat., t. I, pag. 59-64.

R. Ce sont les *papillons* proprement dits, ou *papillons de jour*, les *phalènes* ou *papillons de nuit*, et les *teignes*.

D. Quel est le caractère des papillons proprement dits, ou papillons de jour?

R. Leur caractère est, 1° de voler le jour et de se reposer la nuit; 2° d'avoir leurs antennes plus grosses à l'extrémité qu'à la base, et terminées en peigne, en houpe ou en bouton; 3° de provenir de chenilles qui ne filent point de coque, mais qui se suspendent pour se métamorphoser en chrysalide; 4° de sortir d'une chrysalide dorée, anguleuse, et ayant la forme d'une petite pagode.

D. Quel est le caractère des papillons de nuit ou phalènes.

R. Leur caractère est, 1° d'être lourds et pesants le jour, et d'être fort actifs la nuit; 2° d'être attirés par la lumière; 3° d'avoir les antennes terminées en pointe; 4° d'avoir des couleurs plus sombres et moins éclatantes que celles des papillons de jour; 5° de provenir de chenilles qui se filent des coques, ou s'enfoncent en terre pour se métamorphoser ; 6° de sortir d'une chrysalide qui ressemble ordinairement à une féve.

D. Quel est le caractère des teignes (1) ?

R. Les teignes ressemblent beaucoup aux phalènes ou papillons de nuit ; on les distingue cependant, 1° par un toupet de poil qui s'avance et s'élève sur le devant de leur tête ; 2° par le port de leurs aîles que l'on appelle en toît ; 3° par la manière de vivre de leurs chenilles que l'on appelle improprement vers, et qui sont toujours couvertes et cachées dans un fourreau qu'elles se composent de différentes matières, et qu'elles transportent avec elles.

D. Quelles sont ces matières qui composent le fourreau des teignes ?

R. Toutes les matières leur sont bonnes ; les teignes qui rongent les draps, les pelleteries, en composent leur fourreau, celles qui vivent de feuilles, savent les rouler et s'y renfermer ; quelques-unes se nichent dans l'intérieur même des feuilles ; les teignes aqua-

(1) Spect. de la Nat., tom. I, pag. 60.

tiques se font des fourreaux avec des brins de bois, de petits graviers, de petits coquillages.

D. Comment peut-on s'assurer que les teignes forment leur fourreau avec les poils des étoffes qu'elles rongent?

R. Rien de si aisé; les teignes allongent et élargissent leurs fourreaux à mesure qu'elles grossissent; si donc on les fait passer successivement sur des morceaux d'étoffe de différentes couleurs, on retrouvera ces mêmes couleurs dans leurs fourreaux qui ressemblent à des habits d'arlequin.

D. Quel moyen peut-on employer pour éloigner les teignes des étoffes et des tapisseries?

R. M. *De Réaumur*, qui joignoit toujours l'utile à l'agréable, a tenté une infinité de moyens pour faire la guerre aux teignes; voici celui qui lui a le mieux réussi; c'est de frotter les étoffes et les tapisseries avec la toison d'un mouton qui n'a encore subi aucune préparation.

D. Dites-nous un mot du papillon tête de mort, qui cause tant d'effroi à ceux qui le voient?

R. Le papillon tête de mort provient d'une belle chenille, de l'espèce de celles qui portent une corne sur la queue, et qui vit sur le jasmin; ce papillon a en effet sur le corcelet plusieurs taches qui représentent assez bien une tête de mort; il est outre cela le seul papillon qui fasse entendre un petit cri, mais il n'a rien d'effrayant que pour les ignorants.

DIXIÈME LEÇON.

Insectes à quatre aîles nues, (tétraptères, suite.)

D. QUELLE différence mettez-vous entre les Insectes à quatre aîles farineuses, et les Insectes à quatre aîles nues?

R. La différence consiste en ce que les Insectes à aîles farineuses, ont des aîles qui ne sont point transparentes comme celles des Insectes à aîles nues; celles-ci sont claires comme du verre ou du talc. On y remarque seulement des nervures ou de petits rameaux qui courent entre les deux pellicules qui forment l'aîle, et qui y portent la nourriture.

D. L'aîle d'un Insecte étant si mince, est-il croyable qu'elle soit composée de deux pièces?

R. Rien de plus vrai cependant.

D. Pourriez-vous m'en donner la preuve?

R. La voici: lorsqu'il arrive par accident à un Insecte qui sort de son état de chrysalide pour devenir papillon, lorsqu'il arrive, dis-je, que l'air passe avec trop de vîtesse par les petits rameaux dont nous venons de parler, alors l'aîle paroît boursoufflée, elle ressemble à une petite vessie, et on aperçoit très-distinctement les deux pellicules qui se seroient exactement collées sans cet accident.

D. Quel est le caractère des Insectes de cette classe?

R. Le seul caractère qui les sépare des autres classes, est d'avoir quatre aîles nues; car ces Insectes qui sont très-nombreux, varient beaucoup pour la forme extérieure du corps, des antennes, de la bouche, mais presque tous ces Insectes, outre les deux gros yeux à facettes, ont sur le sommet de la tête les trois petits yeux lisses dont nous avons parlé.

D. Les quatre aîles de ces Insectes se ressemblent-elles?

R. Non, elles ne se ressemblent pas; les uns, comme les demoiselles, ont les quatre aîles d'égale grandeur, les autres, comme les abeilles, ont les aîles inférieures plus courtes que les supérieures: d'autres, comme les guêpes, ont les aîles repliées dans leur longueur. Quelques-uns, comme les fourmis, n'ont point d'aîles, tandis que des fourmis de la même espèce en ont; quelques Insectes de cette classe ont de longues queues, d'autres ont des aiguillons.

D. Quels sont les principaux genres d'Insectes qui composent la classe des Insectes à quatre aîles nues?

R. Les principaux genres d'Insectes à quatre aîles nues, sont; 1° Les *demoiselles;* 2° l'*éphémère;* 3° le *fourmilion;* 4° l'*ichneumon;* 5° la *guêpe;* 6° l'*abeille;* 7° la *fourmi.*

D. Faites-moi connoître l'Insecte appelé demoiselle (1).

(1) Spect. de la Nat., t. I, pag. 11 et 227.

R. La demoiselle est ce joli Insecte dont le corps est mince et fort allongé, paré des plus riches couleurs, et soutenu par quatre grandes aîles brillantes, transparentes, et semblables à un oiseau.

D. La demoiselle a-t-elle toujours existé sous cette forme?

R. Non, la demoiselle a commencé par être un Insecte aquatique dont le corps étoit composé d'anneaux, et la tête garnie de deux tuyaux, que l'Insecte élève de temps en temps au-dessus de l'eau pour respirer.

D. Pourquoi voit-on les demoiselles dans le voisinage des ruisseaux et des rivières?

R. C'est que les demoiselles qui n'ont pas oublié leur origine, savent que les Insectes qui doivent sortir de leurs œufs, ne peuvent vivre que dans l'eau, et c'est pour cela qu'elles cherchent à déposer leurs œufs sur le bord de l'eau.

D. Est-ce que les Insectes ont de l'intelligence?

R. Non, les Insectes n'ont point d'intelligence, mais ils sont conduits par la suprême intelligence de leur Créateur.

D. Quel est l'Insecte que vous avez appelé *éphémère?*

R. L'Insecte appelé éphémère ressemble à un petit moucheron à quatre aîles, ayant le corps terminé par trois filets en forme de queue, qui paroît le soir en été sur le bord de l'eau, et en si grande quantité, que l'air en est quelquefois obscurci.

D. Pourquoi voit-on les éphémères sur le bord de l'eau?

R. C'est que les éphémères ont vécu dans l'eau avant de devenir Insectes aîlés, et que leurs œufs doivent produire aussi des Insectes aquatiques.

D. Pourquoi les appelle-t-on éphémères?

R. Le nom d'*éphémère* vient d'un mot grec, qui veut dire *jour;* c'est qu'en effet, l'éphémère ne vit qu'un jour sous la forme d'Insecte aîlé, et il y a même des espèces qui n'ont pas plus de quatre ou cinq heures de vie.

D. Que devient donc cette prodigieuse multitude d'Insectes?

R. Ils retombent sur la surface de l'eau, qui en paroît quelquefois toute couverte.

D. Pourquoi Dieu les a-t-il tant multipliés?

R. Dieu les a si prodigieusement multipliés pour qu'ils servissent de manne et de nourriture aux poissons, de même qu'il nourrissoit autrefois les Israélites dans le désert, avec une manne qu'il faisoit descendre du Ciel.

D. Les merveilles qu'on raconte du fourmilion sont-elles bien vraies?

R. Oui, rien de plus vrai.

D. Pourquoi l'appelle-t-on *fourmilion* (1)?

R. On l'appelle fourmilion, c'est-à-dire, lion des fourmis, parce qu'il est sans cesse occupé à leur tendre des pièges aussi bien qu'aux autres Insectes, pour s'en nourrir.

D. Quels sont les pièges qu'il tend aux Insectes?

R. Le fourmilion choisit ordinairement pour son habitation un sable sec et à l'abri de la pluie; il pratique dans ce sable un trou en forme de cône ou de pain de sucre renversé, et il se cache dans le sable à la pointe de ce cône.

(1) Spect. de la Nat., t I, pag. 220-226.

D. Quel est l'usage que le fourmilion fait de ce cône?

R. Le fourmilion se sert de ce cône comme d'un précipice où tombent les Insectes qui passent malheureusement sur le bord; le fourmilion en est averti par la chûte des grains de sable qui tombent au fond du cône; il lance alors une grêle de sable avec ses cornes, pour empêcher les Insectes de remonter; il s'en saisit, les suce avec ses cornes qui sont des espèces de pompes ; il charge ensuite leur cadavre desséché sur ces mêmes cornes et les lance bien loin de son cône.

D. Le fourmilion est donc obligé d'attendre sa proie ?

R. Oui, et quelquefois il l'attend long-temps, mais aussi il est grand jeûneur, et sait se passer de nourriture pendant des mois entiers.

D. Que devient enfin le fourmilion ?

R. Le fourmilion se renferme dans une petite boule composée de soie qu'il file, et de sable, il y devient chrysalide, et il se transforme ensuite en un Insecte aîlé, qui ressemble assez à une petite demoiselle.

ONZIÈME LEÇON.

Suite des Insectes à quatre aîles nues.

D. QUELS sont les Insectes à quatre aîles nues que vous devez encore nous faire connoître.

R. Ce sont, 1° l'*ichneumon;* 2° la *guêpe;* 3° l'*abeille;* 4° la *fourmi.*

D. Qu'est-ce que l'ichneumon (1)?

R. L'ichneumon est un Insecte à quatre aîles, dont la tête est ornée de longues antennes qu'il remue toujours, et dont le ventre ne tient au corcelet que par un filet fort mince.

D. Pourquoi l'appelle-t-on ichneumon?

R. On l'appelle ichneumon, parce que, semblable à cet animal commun en Egypte qui perce le ventre du crocodile pour se nourrir de ses entrailles, ou qui casse les œufs de ce monstre pour les manger, l'ichneumon dépose ses œufs dans le corps des autres Insectes.

(1) Spect. de la Nat., tom. I, pag. 408.

D. Pourquoi l'ichneumon dépose-t-il ses œufs dans le corps des autres Insectes ?

R. L'ichneumon y dépose ses œufs, afin que le petit ver ou la petite larve (1) qui en sortira, trouve sa nourriture dans le corps même de l'Insecte, y devienne chrysalide pour se changer ensuite en ichneumon en perçant le corps de l'Insecte.

D. Mais l'Insecte ainsi sucé doit bientôt mourir, et l'ichneumon aussi faute de nourriture (2) ?

R. L'insecte dévoré par le ver de l'ichneumon ne meurt pas, il continue de manger, de grossir, il se change en chrysalide ; mais si c'est une chenille, au lieu de voir sortir un papillon de la chrysalide, on en voit sortir des ichneumons qui se filent ensuite une coque pour se transformer en Insecte parfait.

D. Comment l'ichneumon dépose-t-il ses œufs dans le corps des autres Insectes ?

(1) Larve ou masque, parce que la chenille ou le ver est comme un masque qui cache l'animal parfait qui doit se développer.

(1) Spect. de la Nat., tom. I, pag. 54.

R. L'ichneumon femelle se sert pour cela d'un petit aiguillon composé de deux lames creuses, avec lequel il pique l'Insecte et dépose ses œufs. L'ichneumon mâle n'a pas cet aiguillon, il n'en a pas besoin, puisqu'il n'a point d'œufs à déposer.

D. La prévention qu'on a contre les guêpes, est-elle bien fondée (1)?

R. Ce qui augmente la prévention qu'on a contre les guêpes, c'est qu'on les compare avec les abeilles dont le travail nous est si utile, tandis que les guêpes ne cherchent qu'à nous voler; et que d'ailleurs la piquure de leur aiguillon est dangereuse.

D. Est-ce que les guêpes ne font pas de la cire et du miel comme les abeilles?

R. Non, les guêpes ne font ni cire ni miel, quoiqu'elles soient très-friandes de miel.

D. Que font donc les guêpes?

R. Les guêpes composent leur guêpier d'une espèce de papier qu'elles forment avec des brins et des filaments de bois.

(1) Spect. de la Nat., t. I, pag. 171-139.

D. Comment les guêpes font-elles ce papier ?

R. Elles font ce papier comme nous faisons le nôtre ; elles broient des filaments de bois qu'elles détachent sur les vieux treillages, sur les échalas ; elles y mêlent une liqueur dont elles sont pourvues, et elles en forment une pâte qu'elles étendent ensuite comme des feuilles.

D. Quel est l'usage de ce papier ?

R. L'usage de ce papier est d'en construire de petites loges ou alvéoles de figure hexagone ou à six pans, pour y déposer leurs œufs.

D. Les guêpes sortent-elles toutes formées de ces œufs ?

R. Non, on voit sortir de ces œufs des vers blancs que les guêpes ont grand soin de nourrir, et lorsque ces vers sont parvenus à leur grosseur, ils se filent une coque, deviennent chrysalides, et se développent ensuite sous la forme de guêpes.

D. Quelle nourriture les guêpes donnent-elles à ces vers ?

R. Les guêpes leur donnent une espèce de pâtée, qu'elles dégorgent àpeu-près comme les oiseaux qui nourrissent leurs petits.

D. De quoi se nourrissent les guêpes ?

R. Les guêpes sont carnacières, elles se nourrissent d'insectes qu'elles attrapent, de morceaux de viande qu'elles vont prendre dans les boucheries ; elles sont aussi friandes, car elles dévorent nos fruits, et pillent le miel des abeilles.

D. Où trouve-t-on les guêpes?

R. On en trouve dans la terre, ce sont les plus grandes ; on voit aussi de petits guêpiers attachés à des branches d'arbres, construits par différentes espèces de guêpes ; la plus grosse espèce appelée *frélons*, fait son guêpier dans des creux d'arbres ; il n'est point en papier, mais il est fait avec de la sciure de bois réunie en masse et divisée en cellules héxagones.

DOUZIÈME LEÇON.

Suite des Insectes à quatre aîles nues.

D. J'AI entendu si souvent faire l'éloge des abeilles, voudriez-vous m'instruire de leur histoire?

R. Les abeilles ne sont pas moins admirables par leur activité au travail, que par les ouvrages utiles qu'elles font.

D. Qu'est-ce qu'une abeille (1)?

R. Une abeille est une mouche à quatre aîles, dont la tête est ornée de deux beaux yeux taillés à facettes, et de trois autres yeux lisses, d'une trompe dont la structure est admirable, de deux mâchoires dont elle se sert pour former ces alvéoles de cire dont la régularité enchante.

D. Quelles sont les autres parties du corps de l'abeille?

R. L'abeille a encore plusieurs pattes; dont deux sont creusées pour recevoir la petite provision de cire qu'elle

(1) Spect. de la Nat., t. I, pag. 140-192.

recueille sur les fleurs et qu'elle rapporte à la ruche; elle porte à l'extrémité du ventre un aiguillon composé de quatre pièces d'une finesse extrême, les bourdons n'en ont pas.

Cet aiguillon est attaché à une vessie pleine d'une liqueur extrêmement cuisante, et qui est un véritable poison. L'abeille a outre cela le corps velu et couvert de poils destinés à retenir la poussière des étamines des fleurs dont elle compose la cire; et elle est pourvue de plusieurs estomacs qui servent à donner la dernière forme à la cire et au miel.

D. Y a-t-il plusieurs espèces d'abeilles dans une ruche?

R. On en compte quatre espèces; 1° la Reine; 2° les gros bourdons; 3° les petits bourdons; 4° les ouvrières.

D. Comment connoît-on la reine des abeilles?

R. La reine des abeilles a le ventre plus long que les autres abeilles; ses aîles sont plus courtes, et son aiguillon recourbé.

D. Que fait la reine dans la ruche?

R. La reine que l'on appeloit le roi autrefois, est la seule femelle qui soit dans la ruche; elle est la mère de tout son peuple, et de toutes les colonies ou les essaims qui sortent de la ruche; elle n'est occupée qu'à pondre des œufs que les ouvrières distribuent ensuite dans les alvéoles; elle sort rarement de la ruche.

D. Que deviennent ces œufs?

R. De ces œufs sortent des vers, dont les abeilles ouvrières sont les mères nourrices; elles leur donnent du miel, jusqu'à ce que ces vers se filent une coque pour devenir chrysalide et ensuite abeilles.

D. Que font les bourdons dans la ruche?

R. Les bourdons sont les mâles de la ruche; les gros bourdons servent à la reine pendant l'été; les abeilles les tuent ensuite comme étant des bouches inutiles, et les petits bourdons passent l'hiver dans la ruche, et servent à la reine au printemps (1).

(1) Trans. Philos. Année 1777, partie première, pag. 15. Mém. de l'Acad. Impér. et Roy. de Bruxelles, tom. II, pag. 325.

D. Quelle est la fonction des abeilles ouvrières?

R. La fonction des abeilles ouvrières est; 1° de recueillir la cire et le miel; 2° de construire les gâteaux et les alvéoles; 3° de nourrir les petits.

D. Où les abeilles ouvrières vont-elles recueillir la cire et le miel?

R. Les abeilles recueillent la cire et le miel sur les fleurs.

D. Les abeilles trouvent-elles la cire et le miel tout préparés sur les fleurs?

R. Non, les abeilles ne trouvent que la matière de la cire et du miel.

D. Quelle est la matière de la cire?

R. La matière de la cire est une poussière que l'on trouve sur les fleurs, et que l'on appelle les étamines des fleurs.

D. Comment les abeilles font-elles de la cire avec cette poussière?

R. Les abeilles mangent cette poussière qui se façonne dans un de leurs estomacs; elles la dégorgent ensuite sous une forme liquide pour en former leurs alvéoles.

D. Quelle preuve avez-vous que la cire subit une préparation dans l'estomac des abeilles?

R. En voici la preuve; si vous prenez la pelotte de cire que les abeilles rapportent des champs, et que vous l'écrasiez sous les doigts, elle se divisera et se mettra en poussière; si vous l'exposez au feu, elle noircira et se racornira, au lieu que la vraie cire s'étend sous les doigts et fond au feu.

D. Comment les abeilles font-elles le miel?

R. Les abeilles pompent avec leur trompe une liqueur qui se trouve au fond du calice des fleurs, dans des petites vésicules qu'on appelle *glandes*; elles avalent cette liqueur, la digèrent dans un de leurs estomacs, et la dégorgent ensuite pour en remplir une partie de leurs alvéoles destinés à contenir ce miel.

D. Est-ce pour nous que les abeilles font des provisions de miel?

R. Non, c'est pour elles, mais nous nous en emparons.

D. Pourquoi les abeilles font-elles des provisions.

R. Les abeilles font des provisions pour avoir de quoi vivre dans le temps où il n'y a point de fleurs, et où elles ne peuvent pas picorer.

D. Les abeilles mangent-elles pendant l'hiver?

R. Les abeilles sont engourdies et ne mangent pas dans les grands froids; mais lorsque l'air est doux, elles se dégourdissent et elles vivent de leurs provisions.

D. Les abeilles étant un petit peuple si paisible, comment Virgile parle-t-il de leur guerre?

R. Les abeilles sont paisibles tant que la ruche n'est pas surchargée d'habitants, mais lorsqu'ils sont trop multipliés, il faut se séparer, et cela ne peut se faire sans guerre?

D. Pourquoi les abeilles ne peuvent-elles pas se séparer sans guerre?

R. C'est qu'il se trouve toujours plusieurs jeunes reines dans une ruche; et comme il est de règle qu'il ne doit y avoir qu'une reine pour chaque essaim, il faut tuer les surnuméraires, ce qui ne peut se faire sans guerre.

D. Que deviennent les essaims quand

les reines surnuméraires sont tuées ?

R. Les essaims partent de la ruche avec leur reine, s'attachent à la première branche d'arbre et y restent, à moins qu'on ne les recueille dans un pannier où elles travaillent aussitôt.

D. Si la reine unique mouroit, que deviendroit l'essaim ?

R. L'essaim se dissiperoit, car les abeilles ne travaillent qu'autant qu'elles ont une reine pour peupler la ruche.

D. S'il entre quelqu'Insecte dans la ruche, que font les abeilles ?

R. Elles le poursuivent et le chassent, ou si elles ne le peuvent, elles le tuent, et l'enduisent ensuite de cire, comme pour l'embaumer, car elles craignent les mauvaises odeurs.

D. Les abeilles ont-elles des ennemis ?

R. Oui, elles ont les guêpes, les mulots, les moineaux, les fourmis, et une espèce de teigne qui s'établit dans les gâteaux, les ronge, et oblige les abeilles de déserter.

TREIZIEME LEÇON.

Suite des Insectes à quatre aîles nues.

D. POURQUOI mettez-vous les fourmis parmi les Insectes aîlés (1)?

R. Je mets les fourmis au nombre des Insectes aîlés, parce qu'il y a une partie des fourmis qui acquièrent des aîles.

D. Est-ce qu'il y a plusieurs espèces de fourmis?

R. Non seulement il y a plusieurs espèces de fourmis qui varient pour la grosseur et la manière de vivre, mais on distingue aussi dans une même fourmillière plusieurs espèces de fourmis.

D. Quelles sont ces espèces?

R. On distingue les mâles, les femelles, et les mulets ou les ouvrières qui vivent toutes en société.

D. Quelles sont les fourmis qui acquièrent des aîles?

R. Ce sont les mâles et les femelles, car les ouvrières n'en ont jamais.

(1) Spect. de la Nat., t. I, pag. 215-219.

D. Où vivent les fourmis ?

R. Les fourmis vivent dans la terre où elles se pratiquent une habitation.

D. Quelle est l'occupation des fourmis ?

R. Les fourmis paroissent uniquement occupées du soin de leurs petits ; ce sont les mulets ou les ouvrières qui sont chargés de les nourrir et de les échauffer.

D. Comment les fourmis ouvrières échauffent-elles les petits ?

R. Elles les échauffent en les exposant à la chaleur du soleil lorsque cet astre luit, et elles les reportent dans la fourmillière lorsqu'il est couché, ou qu'il survient de la pluie.

D. Comment sont faits ces petits des fourmis ?

R. Ces Insectes, avant d'être fourmis ou Insectes parfaits, vivent pendant quelque temps sous l'état de ver, et ensuite de chrysalides qui sont enfermés dans de petites coques assez semblables à des grains de bled ; ce sont ces chrysalides que les ouvrières exposent au soleil, afin que la chaleur facilite leur développement sous la forme de fourmi.

D. De quoi les fourmis vivent-elles ?

R. Les fourmis vivent de débris d'Insectes qu'on leur voit quelquefois traîner avec beaucoup d'efforts dans leur fourmillière ; elles aiment aussi les sucreries et les fruits.

D. Les fourmis sont-elles coupables de tout le dégât dont on les accuse à l'égard des fruits ?

R. Les fourmis ne sont pas si coupables qu'on le dit ; nous avons déjà remarqué qu'on les chargeoit à tort du dégât que font les pucerons ; on les accuse aussi d'une faute que l'on doit imputer aux limaçons, car les fourmis n'attaquent jamais les fruits, qu'ils n'ayent été entamés par les limaçons, les guêpes, ou d'autres Insectes.

D. Les fourmis font-elles des provisions pour l'hiver ?

R. On a cru long-temps que les fourmis faisoient des provisions, on a prétendu trouver des grains de bled dans leur fourmillière, on a poussé le merveilleux jusqu'à dire qu'elles rongeoient le germe des grains de blé pour les empêcher de lever, tout cela est faux.

D. Quelle preuve en avez-vous ?

R. Je le prouve, 1° parce que les fourmis sont engourdies pendant l'hiver, et qu'elles ne mangent pas ; 2° parce qu'on a pris pour des grains de blé renflés par l'humidité, les chrysalides des fourmis dont nous avons parlé ; 3° si on a réellement trouvé des grains de blé, les fourmis les avoient apportés dans leur fourmillière, comme elles y portent des brins de bois et d'autres matières qui servent à pomper l'humidité qui règne dans leur fourmillière.

D. N'y a-t-il pas aussi quelques espèces de fourmis étrangères ?

R. Oui, il y a des fourmis étrangères d'une grosseur prodigieuse qui se rendent redoutables par les dégâts qu'elles font ; il y en a une espèce en Amérique qui détruit les cannes à sucre ; mais aussi il y en a une autre espèce fort utile qui produit la gomme-laque dont on se sert pour faire la cire à cacheter, de la même manière que les abeilles font la cire et le miel (1).

(1) Spect. de la Nat., tom. I. pag. 206.

D. Les fourmis ont-elles des ennemis ?

R. Les fourmis ont beaucoup d'ennemis, presque tous les oiseaux en sont friands, et nous avons parlé de la jolie chasse que leur fait le fourmilion.

QUATORZIÈME LEÇON.

Insectes à deux aîles. (diptères.)

D. QUEL est le caractère propre aux Insectes à deux aîles ?

R. C'est, comme nous l'avons dit, d'avoir sous l'origine de leurs aîles, deux espèces de petits balanciers qui leur servent sans doute de contre-poids pour se soutenir.

D. Quel est l'origine des Insectes à deux aîles (1) ?

R. Les Insectes à deux aîles viennent comme les autres, d'un œuf d'où est sorti d'abord un ver qui est devenu ensuite chrysalide, puis animal parfait.

D. Le ver des Insectes à deux aîles

(1) Spect. de la Nat., tom. I, pag. 208.

change-t-il de peau, pour se transformer en chrysalide ?

R. Non, il ne change pas de peau comme les vers et les chenilles des Insectes à quatre aîles; mais sa peau de ver se durcit et sert de coque à la chrysalide.

D. Où ce ver subit-il cette transformation ?

R. Il s'enfonce ordinairement dans la terre pour se transformer.

D. Où vivent les vers des Insectes à deux aîles ?

R. Les uns vivent dans l'eau, et les autres dans les corps des grands animaux, comme dans la tête des moutons, dans l'anus des chevaux, sous la peau des bœufs, etc.

D. Comment font ces Insectes pour déposer leurs œufs dans le corps des grands animaux ?

R. Les vers qui vivent dans la tête des moutons et dans l'anus des chevaux, viennent des œufs des mouches qui se sont introduits dans ces parties; et ceux qui vivent sous la peau des bœufs, des vaches, etc. sont sortis des œufs que les mouches ont déposés dans ces endroits, en perçant la peau de l'animal avec un aiguillon qu'elles ont pour cet usage.

D. Ces vers deviennent-ils chrysalides dans ces endroits où ils vivent comme vers ?

R. Non, quand ils sont parvenus à leur grosseur, ils quittent ce séjour, se laissent tomber à terre pour s'y enfoncer, se changer en chrysalide, et ensuite en mouche.

D. Comment appelez-vous les Insectes qui vivent ainsi dans le corps des grands animaux?

R. Ces Insectes sont: l'*œstre*, le *taon*, et la *mouche asyle*, qui piquent les chevaux jusqu'au sang, et dont on doit se défier lorsqu'on les prend, l'*hippobosque* ainsi nommée, parce qu'elle s'attache aux chevaux et aux bœufs.

D. Quels sont les Insectes à deux aîles dont les vers vivent dans l'eau?

R. Les principaux sont la *tipule* et le *cousin*.

D. A quoi connoît-on la tipule?

R. La tipule est reconnoissable par la longueur extraordinaire de ses pattes, et l'allongement de son corps qui est mince et effilé ; ces Insectes sont fort jolis et ne font point de mal.

D. En est-il de même du cousin?

R. Non, le cousin est fort incommode par ses piquures qui sont suivies d'un gonflement considérable dans la partie piquée (1).

D. D'où vient ce gonflement qu'occasionne la piquure du cousin?

R. Ce gonflement vient d'une liqueur que le cousin insinue dans la plaie et qui fait fermenter le sang.

D. Que faut-il faire pour dissiper ce gonflement?

R. Il faut laver la partie piquée avec de l'eau fraîche, et le mieux est de ne point y toucher, et de ne point frotter.

D. Comment le cousin passe-t-il de l'état de chrysalide à celui d'Insecte à deux aîles?

R. Rien de plus curieux que ce passage; le cousin vit d'abord dans l'eau sous la forme de ver ; lorsqu'il est prêt à se développer, il vient à la surface de l'eau ; il commence par al-

(1) Spect. de la Nat., tom. I, planche de la pag. 194.

longer deux grandes pattes qui le soutiennent sur l'eau, et il s'en sert de point d'appui pour résister aux efforts qu'il fait en tirant le reste de son corps du fourreau de la chrysalide, et prendre son essor dans l'air.

D. Pourquoi le cousin prend-il tant de précautions pour éviter que son corps touche l'eau ?

R. Le cousin prend ces précautions, parce qu'il périroit bientôt si son corps venoit à s'enfoncer dans l'eau.

D. D'où viennent les mouches si communes et si importunes surtout en automne ?

R. Ces mouches ne sont pas toutes de la même espèce, il y en a dont les vers se nourrissent de pucerons ; d'autres de la chair des animaux morts, telle est la mouche bleue de la viande ; quelques-unes s'attachent au fromage ; il y en a aussi qui vivent dans l'eau ; d'autres dans le vinaigre, la lie de vin, les bouses de vaches, etc.

QUINZIÈME LEÇON.

Insectes sans aîles. (aptères.)

D. LES Insectes sans aîles diffèrent-ils beaucoup de ceux dont vous avez parlé jusqu'à présent?

R. Oui, ils en diffèrent beaucoup ; 1° ils n'ont point d'aîles ; 2° ils sont tous ovipares, c'est-à-dire qu'ils pondent des œufs, excepté les cloportes et les aselles; 3° ils sortent tous de l'œuf sous leur forme parfaite, et croissent ensuite toujours sous la même forme, excepté la puce ; 4° ils sont presque tous couverts d'une espèce de test ou de cuirasse, comme les crabes et les écrevisses, qui doivent être rangés parmi les Insectes, puisqu'ils ont des antennes.

D. Quels sont les principaux genres d'Insectes sans aîles?

R. Voici les principaux : 1° le *pou* qui n'est connu que des personnes malpropres, puisque c'est la crasse qui lui sert de nourriture; 2° la *forbicine*, c'est ainsi qu'on appelle cette espèce de petit poisson argenté et fort vif qui se trouve dans les endroits frais ; 3° la *puce* qui est si incommode.

D. Vous nous avez dit que la puce étoit la seule de tous les Insectes sans aîles qui passât par plusieurs états ?

R. Oui, cela est vrai ; la puce attache ses œufs sur les poils des hommes et des animaux ; le petit ver qui en sort vit de leur crasse, elle se file une coque dans laquelle elle se change en nymphe ou en chrysalide, et finit par devenir Insecte parfait ou puce, qui est armé à la bouche d'un fort et vigoureux aiguillon, et d'une trompe dont elle se sert pour sucer le sang (1).

D. L'araignée n'est-elle pas aussi du nombre des Insectes sans aîles (2) ?

R. Oui, elle en fait partie, aussi-bien que la tique qui lui ressemble, et le faucheur.

D. Comment vit l'araignée ?

R. L'araignée vit de chasse.

D. Que fait l'araignée pour attraper sa proie ?

(1) Spect. de la Nat., t. I, pl. de la pag. 194.
(2) *Ibid* pag. 16-116.

R. Elle lui tend des filets, au moyen d'une toile d'un tissu admirable, dans laquelle les Insectes viennent se prendre.

D. D'où l'araignée tire-t-elle les fils de cette toile ?

R. L'araignée est pourvue d'une espèce de gomme qui passe à travers plusieurs filières qu'elle a sous le ventre ; cette gomme se durcit à l'air et forme les fils de la toile que l'araignée arrange avec des petits peignes très-fins qui se trouvent à l'extrémité de ses pattes.

D. Toutes les araignées filent-elles de la même manière ?

R. Non, chaque espèce d'araignée a sa manière de filer ; l'araignée domestique ou des maisons, forme une toile assez solide dans les angles des murs ; l'araignée des jardins ne forme qu'une espèce de réseau, dont tous les fils ou rayons aboutissent au centre, où se tient l'araignée ; celles des caves se contentent de tapisser de fils le trou de mur où elles se tiennent.

D. N'y a-t-il pas quelque ressemblance entre les araignées, les écrevisses et les crabes.

R. Oui, ces Insectes se rapprochent ;

1° pour la forme; 2° par la faculté qu'ils ont de changer de peau; 3° par la reproduction de leurs pattes lorsqu'elles viennent à se rompre; ce fait est certain à l'égard des crabes et des écrevisses, et on soupçonne la même reproduction dans les faucheurs et les araignées.

D. N'arrive-t-il pas encore quelque chose de plus étonnant chez les écrevisses?

R. Oui, les écrevisses, outre qu'elles changent de peau tous les ans, changent aussi d'estomac.

D. Ce fait est-il bien vrai?

R. Il est attesté par M. *de Réaumur*, l'un des meilleurs Naturalistes, et des meilleurs observateurs que nous ayons (1).

D. Sont-ce les araignées qui forment ces fils que l'on voit voltiger en automne, et que l'on appelle *fils de la Sainte-Vierge*.

R. Non, ce ne sont pas les araignées qui font ces fils, c'est une espèce de

Spect. de la Nat., tom. I, pag. 253.

tique fort petite qui ne cesse de filer en marchant.

D. Dans quel genre placez-vous le ciron et la mitte (1)?

R. On les place parmi les tiques, qui ont en général quelque ressemblance avec les araignées.

(1) Spect. de la Nat., t. I. planche de la page 194.

SECONDE PARTIE.

RÈGNE VÉGÉTAL.

PREMIÈRE LEÇON.

Définition et division du Règne végétal (1).

D. QU'ENTEND-ON par le Règne végétal?

R. On entend par le Règne Végétal, cette partie de l'Histoire naturelle qui traite des Végétaux, c'est-à-dire, des arbres et des plantes.

D. Quelle différence y a-t-il entre le Règne végétal et le Règne animal?

R. La différence consiste, en ce que les arbres et les plantes croissent et se reproduisent, mais sont fixés, et ne peuvent se mouvoir, au lieu que les animaux croissent, se reproduisent et se meuvent.

D. N'y a-t-il pas aussi des animaux qui croissent, se reproduisent et ne se meuvent pas?

(1) Spect. de la Nat., t. I. pag. 411.

R. Oui, tels sont l'huître qui vit et meurt fixée sur son rocher, et un grand nombre d'Insectes marins, dont M. l'Abbé *Dicquemare*, célèbre Naturaliste du Havre, enrichit tous les jours l'Histoire naturelle (1).

D. Les Règnes végétal et animal ne sont donc pas réellement distingués?

R. Nous avons dit que toutes ces distinctions n'existoient pas dans la Nature, qu'elles ne servoient qu'à aider notre esprit dans la recherche des connoissances d'Histoire naturelle, et à faire voir en même temps combien il est borné.

D. Quels sont donc les objets qui composent le Règne végétal?

R. Nous l'avons dit, ce sont les arbres et les plantes?

D. Combien distingue-t-on en général de sortes de plantes?

R. On en distingue de trois sortes, savoir les plantes terrestres, les plantes aquatiques, et les plantes parasites.

D. Qu'appelez-vous plantes terrestres?

(1) Ce savant est mort depuis la publication de la première édition de cet ouvrage.

R. Les plantes terrestres sont celles qui tirent de la terre la séve et les sucs dont elles ont besoin pour végéter.

D. Q'entendez-vous par les plantes aquatiques?

R. Les plantes aquatiques sont celles qui prennent racine et qui végètent dans l'eau.

D. Quelles sont les plantes parasites?

R. Ce sont celles qui vivent aux dépens d'autres plantes.

D. Y a-t-il plusieurs espèces de plantes parasites?

R. Oui, il y en a de deux espèces; la première, ce sont les plantes qui prennent racine dans la terre, et qui s'accrochent ensuite aux plantes dont elles pompent la séve, au moyen de petits suçoirs dont elles sont pourvues, tels sont le *lierre*, la *cuscutte*; la seconde, ce sont celles qui prennent racine sur les arbres mêmes et se nourrissent à leurs dépens, tels sont le *gui*, les *lichens*, les *agarics*, etc.

D. La connoissance des plantes est-est-elle difficile à acquérir?

R. Rien de plus aisé, mais il faut

pour cela les voir dans la campagne avec une personne qui les connoisse ; car les livres ne servent de rien pour cela.

D. Pourquoi les livres ne servent-ils de rien pour apprendre la botanique ou à connoître les plantes ?

R. Parce que les descriptions, les figures mêmes des plantes, quelque exactes qu'elles soient, ne donnent jamais l'idée qu'on en a lorsqu'on voit les plantes même en nature.

D. Que peuvent donc nous apprendre les livres et les conversations des personnes instruites sur cette matière ?

R. Les livres et les conversations nous feront connoître les principes de la botanique qui sont essentiels, soit qu'on se livre à la connoissance des plantes, soit qu'on s'adonne à l'agriculture.

D. Sur quoi sont fondés les principes de botanique ?

R. Les principes de botanique sont fondés sur la connoissance, 1° des parties des plantes ; 2° de la sève, de son mouvement et de sa nature ; 3° sur la connoissance des différentes espèces de terre ; 4° des maladies des plantes, de leur mouvement, de leur propagation, de leur germination, etc. ; 5° il est nécessaire aussi de connoître les différentes méthodes qu'on a imaginées pour classer les plantes, et les ranger par ordre, afin d'aider la mémoire.

SECONDE LEÇON.

Distinction, et parties des plantes (1).

D. COMMENT distingue-t-on les plantes ?

R. On distingue les plantes en plantes vivaces, plantes annuelles, plantes bisannuelles, etc.

D. Qu'entend-on par plantes vivaces ?

R. On entend par plantes vivaces des plantes qui, une fois semées ou plantées, se reproduisent tous les ans pendant un grand nombre d'années.

D. Comment les plantes vivaces se reproduisent-elles ?

R. Les unes se reproduisent seule-

(1) Spect. de la Nat., t. I, pag. 418.

ment par leurs racines qui ne meurent point, tandis que la tige meurt chaque année, comme l'artichaut, l'asperge; les autres, comme les arbres, se reproduisent par les boutons dont leurs branches sont pourvues.

D. Qu'entendez-vous par les boutons des arbres?

R. J'entends par les boutons, les enveloppes qui contiennent en petit la plante ou la branche qui doit en sortir, comme le poulet est contenu dans l'œuf, ou comme une plante ou un arbre est contenu dans sa graine.

D. Quelle différence y a-t-il entre le bouton et la graine?

R. La différence est que le bouton ne contient ordinairement qu'une partie de la plante sans les sucs nécessaires pour la nourrir, au lieu que la graine contient la plante toute entière avec les sucs nécessaires qui doivent la nourrir.

D. Pourquoi cette différence?

R. Cette différence vient de ce que le bouton est attaché à la plante qui lui fournit la séve nécessaire pour se développer et pour croître; au lieu que la graine étant séparée de la plante, elle doit contenir les sucs nécessaires pour développer le germe jusqu'à ce que les racines soient assez fortes pour tirer de la terre la séve propre à la végétation de la plante.

D. Comment appelle-t-on les parties de la graine qui contiennent ces sucs dont vous parlez (1)?

R. On les appelle feuilles séminales ou cotyledons.

D. Les feuilles séminales sont-elles aisées à distinguer des autres feuilles?

R. Oui, il est aisé de les distinguer, parce qu'elles sont fort épaisses, et formées par les deux lobes de la graine, de la fêve, par exemple, qu'on a mise en terre.

D. Q'entend-on par les plantes annuelles?

R. Les plantes annuelles sont celles qui périssent tous les ans avec leurs racines, après avoir donné leurs fruits et leurs semences, comme les melons, les concombres, les laitues, etc.

D. Qu'appelle-t-on plantes bis-annuelles?

(1) Spect. de la Nat., t. I, pag. 422.

R. Les plantes bis-annuelles, sont celles qui vivent deux ans, parce qu'elles ne donnent leurs fruits et leurs graines que la seconde année, comme les carottes, les oignons, etc.

D. Combien distingue-t-on de parties principales dans les plantes?

R. On en distingue six, savoir: 1° les racines; 2° la tige et les branches; 3° les feuilles; 4° les fleurs; 5° les fruits; 6° les semences.

D. Qu'entendez-vous par les racines?

R. J'entends par les racines, cette partie des plantes qui est en terre, et qui est destinée à pomper la séve pour la fournir à la plante et la faire végéter (1).

D. N'y a-t-il pas plusieurs espèces de racines?

R. Oui, il y a plusieurs espèces de racines; 1° les racines charnues, comme les oignons, ou les bulbes, on les appelle *plantes bulbeuses;* 2° les racines en *tubercules*, comme l'ail, qui diffèrent des oignons, en ce que les tu-

(1) Spect. de la Nat., t. I, pag. 436.

bercules sont charnues et solides, au lieu que les oignons sont composés de couches ou d'écailles; 3° les *racines pivotantes*, comme celles des carottes; 4° les *racines chevelues* et les *racines fibreuses* ou *filamenteuses*, qui partent de la principale racine, et qui contribuent le plus à la nourriture de la plante.

D. Qu'entendez-vous par la tige et les branches ?

R. La tige et les branches sont cette partie de la plante qui sort de terre, s'élève, se developpe, et se charge avec le temps de feuilles, de fleurs et de fruits.

D. Quelle est la forme de la tige et des branches ?

R. La tige et les branches s'élèvent ordinairement en hauteur, mais leur forme varie beaucoup; il y en a qui rampent; il y a des tiges qui sont rondes, d'autres qui sont quarrées, comme presque tous les baumes et les plantes odoriférentes, d'autres qui sont cannelées.

D. Quelle différence y a-t-il entre les branches et les racines ?

R. Il n'y a presque pas de différence ; puisqu'un bouton qui donne des branches auroit produit des racines, si au lieu de pousser à l'air, il eût poussé dans la terre ; ainsi, mettez un saule en terre par les branches, et les racines à l'air, les branches deviendront racines, et les racines deviendront branches.

TROISIÈME LEÇON.

Parties des Plantes (suite) feuilles, fleurs, fruits et semences.

D. TOUTES les feuilles des plantes se ressemblent-elles ?

R. Les feuilles des plantes varient à l'infini, soit pour la forme, soit pour la couleur.

D. Est-ce que toutes les feuilles des plantes ne sont pas vertes ?

R. Oui, presque toutes les feuilles des plantes sont vertes, mais les nuances de cette couleur sont très-variées, et il n'y a pas deux espèces de plantes dont le verd soit semblable.

D. Quelle différence avez-vous remarqué dans la forme des feuilles ?

R. J'ai remarqué que les unes sont simples comme celles du pommier, du cerisier, de la capucine ; les autres sont composées ou formées d'un nombre de feuilles simples, comme celles du marronier, du frêne, de la luzerne, du sainfoin, des pois, etc.

D. Les feuilles sont-elles nécessaires à la végétation des plantes (1) ?

R. Les feuilles sont si nécessaires, que les arbres et les plantes languissent lorsque leurs feuilles ont été retranchées exprès, ou qu'elles ont été dévorées par des Insectes.

D. A quoi servent donc les feuilles ?

R. Les feuilles servent à deux usages ; 1° elles pompent par leur surface intérieure l'humidité des pluies et de la rosée qui sert à rafraîchir les plantes, et voilà pourquoi cette surface n'est pas enduite d'un vernis comme l'autre, 2° elles sont les organes par lesquels les plantes se déchargent d'un suc trop abondant et inutile ; et voilà pourquoi

(1) Spect. de la Nat., t. I, pag. 446.

en été on voit les feuilles de plusieurs arbres et plantes couvertes d'une matière visqueuse et sucrée, dont les plantes se sont débarrassées.

D. Dieu n'a-t-il destiné les fleurs des plantes qu'à notre agrément?

R. Non, ce n'est pas la principale intention de Dieu.

D. Quel est donc le but du Créateur dans la formation des fleurs?

R. Le but du Créateur a été de procurer par-là aux plantes la faculté de se reproduire.

D. Comment les fleurs procurent-elles aux plantes la faculté de se reproduire?

R. C'est que les fleurs renferment tout ce qui est nécessaire au développement du fruit et des semences qu'il renferme.

D. Quelles sont donc les parties de la fleur qui procurent ce développement (1)?

R. On distingue dans les fleurs cinq parties principales; 1° le calice; 2° les pétales; 3° les étamines;

(1) Spect. de la Nat., t. I, pag. 464-470.

4° le pistil ; 5° l'embryon ou le fruit.

D. Qu'est-ce que le calice des fleurs?

R. Le calice des fleurs est cette enveloppe ordinairement verte qui couvroit d'abord le bouton ; et qui s'ouvre ensuite pour laisser paroître la fleur.

D. Qu'appelez-vous les pétales, et quelle est leur fonction?

R. Les pétales sont les feuilles de la fleur qui sont ordinairement colorées et nuancées d'une manière si agréable, et qui contiennent le suc nourricier du fruit.

D. Qu'entendez-vous par les étamines?

R. Les étamines sont de petites vessies remplies d'une poussière très-fine, et qui sont portées par des filets fort déliés, comme on le voit sensiblement dans les lys, les tulipes, etc.

D. Qu'est-ce que le pistil?

R. Le pistil est un petit filet en forme d'aiguille qui s'élève au milieu des étamines, et qui est attaché à l'embryon.

D. Qu'est-ce que l'embryon?

R. L'embryon est la partie essentielle

de la plante qui renferme les semences et qui grossit, lorsque la fleur est tombée, sous la forme d'un fruit, comme les pommes, les poires, les cerises, les raisins, les pois, etc.

D. A quoi servent les étamines et le pistil?

R. Les étamines et le pistil servent à féconder la semence ou la graine, et à lui donner la propriété de reproduire une plante semblable à celle de qui elle tire son origine.

D. N'y a-t-il pas des fleurs qui ne produisent pas de graines?

R. Oui, il y a des fleurs qui ne produisent pas de graines; telles sont les fleurs doubles, comme la giroflée, la renoncule, les jacinthes, etc.

D. Pourquoi ces fleurs ne donnent-elles pas de graines?

R. C'est que ces fleurs ne sont devenues doubles que par la culture qui leur a fourni une nourriture si abondante, que les étamines et les pistils destinés à leur réproduction ont changé de forme et se sont convertis en pétales; ces fleurs sont donc des monstres dans l'ordre de la nature, et elles proviennent originairement de plantes à fleurs simples, et pourvues par conséquent d'étamines et de pistils propres à former et à féconder les semences.

QUATRIÈME LEÇON.

De la Séve ; de son mouvement, et de sa nature.

D. COMMENT appelle-t-on les sucs qui servent de nourriture aux plantes (1)?

R. On donne à ces sucs le nom de *sève*, comme on donne le nom de *sang* à la liqueur qui sert à entretenir la vie des animaux.

D. La séve circule-t-elle dans les plantes, comme le sang circule dans les animaux.

R. Non, il n'y a pas de véritable circulation dans la séve, c'est-à-dire, que la séve après être montée dans les plantes, ne descend pas pour remonter

(1) Spect. de la Nat., tom. I, pag. 448, et t. III, pag. 477.

ensuite, comme fait le sang dans les animaux.

D. Comment expliquez-vous donc le mouvement de la séve ?

R. Je reconnois deux mouvements dans la séve, et voici comme je les explique :

Les sucs pompés par les racines s'élèvent dans les canaux de la plante, y portent la nourriture et la vie, et le surplus se perd par la transpiration de la plante ; voilà le premier mouvement de bas en haut.

D. Comment se fait le mouvement de haut en bas ?

R. Il se fait par le moyen des feuilles ; nous avons dit que les feuilles pompoient les vapeurs de l'atmosphère, ces vapeurs forment une seconde séve qui est portée par d'autres canaux vers les racines, de manière que les racines pompent la nourriture des branches, et les feuilles pompent la nourriture des racines.

D. Quelle est la cause qui produit ce mouvement de la séve ?

R. Il paroît que la chaleur est le principal agent dont Dieu se sert pour mettre la séve en mouvement dans les plantes.

D. De quoi est composée la séve ?

R. La séve est principalement composée d'eau, mais cette eau se charge plus ou moins de sels qui se rencontrent dans la terre et dans l'atmosphère, dans les engrais et les fumiers, et fournit ainsi aux plantes une nourriture qui participe de la nature de ces sels.

D. Quelle preuve avez-vous que la séve est principalement composée d'eau ?

R. Je le prouve; 1° parce qu'on voit tous les jours, que les plantes languissent lorsque l'eau leur manque; 2° que les oignons de jacinthes plongés dans l'eau poussent et produisent leurs fleurs au milieu même de l'hiver; 3° que l'on a élevé dans l'eau des plantes, des arbres mêmes qui ont donné du fruit; 4° que des blés semés dans du sablon, dans de la pierre à plâtre, dans du verre pilé même, végètent et produisent leurs graines, pourvu que l'on entretienne l'humidité dans ces différentes substances.

D. L'eau seule peut donc suffire à la végétation?

R. Il paroît que l'eau seule ne suffiroit pas pour toutes sortes de plantes, et que le terrain y influe.

D. Pourquoi cela?

R. Parce qu'il y a des plantes qui se plaisent dans un terrain et qui ne se plaisent point dans un autre; parce que certains fruits, les raisins, par exemple, contractent un goût qui semble dépendre du terrain où ils ont crû; c'est ce qu'on appelle *goût de terroir*.

D. Peut-on expliquer l'origine de ce goût de terroir?

R. On ne peut pas l'expliquer; tout ce qu'on peut dire, c'est que les plantes pompent toutes les mêmes sucs de la terre, et ces sucs prennent différents goûts, selon la nature des plantes qui s'en nourrissent, en conservant toujours quelque chose de leur caractère primitif, et du goût qu'ils avoient avant que les plantes se les fussent appropriés.

D. Avons-nous parmi les animaux quelques exemples qui confirment ce que vous venez de dire du goût de terroir?

R. Oui, nous en avons des exemples parmi les animaux ; ainsi la chair des poulets qu'on a nourris d'ail, a le goût de cette plante ; des lapins nourris de sauge ou de serpolet, en ont le fumet ; les os des poulets qui ont mangé de la garance sont rouges, parce que la garance est une plante qui donne une couleur rouge que l'on emploie dans les teintures.

CINQUIÈME LEÇON.

Des terres et de leurs différentes espèces (1).

D. Où les Plantes puisent-elles leur nourriture ?

R. Les plantes puisent leur nourriture dans la terre.

D. Toutes les terres fournissent-elles également la nourriture aux plantes ?

R. Non, il y a des terres qui fournissent beaucoup de nourriture aux plantes, d'autres qui en fournissent moins, et d'autres qui n'en fournissent point du tout.

(1) Spect. de la Nat., t. II, pag. 113-269.

D. D'où vient cette différence entre les espèces de terre ?

R. Cette différence vient de la propriété qu'ont les terres de retenir plus ou moins l'humidité qui leur est communiquée par les pluies et les rosées.

D. Quelles sont les terres les plus propres à la végétation des plantes ?

R. Les terres les plus propres à la végétation des plantes, sont les terres franches.

D. Qu'entendez-vous par terres franches ?

R. J'entends par terres franches celles qui étant composées d'un mélange égal d'argile ou glaise et de sable, conservent toujours une certaine humidité favorable à la végétation ?

D. N'y a-t-il pas plusieurs espèces de terres franches ?

R. Oui, on les distingue par leurs couleurs, savoir les blanches qui sont les meilleures, ensuite les brunes et les rousses.

D. Sur quoi est fondée cette distinction ?

R. Cette distinction est fondée sur différentes proportions de l'argile ou glaise et du sable, dans ces différentes espèces de terre.

D. L'argile ou la glaise sans mélange de sable, peut-elle servir à la végétation?

R. Non, parce que l'argile ou glaise seule est trop serrée et trop compacte, pour que les racines puissent y pénétrer, et que dans les sécheresses elle durcit comme la pierre, au lieu que dans les temps humides, elle se délaye comme de la boue.

D. Et que pensez-vous du sable seul?

R. Le sable seul s'imbibe aisément d'eau, mais il la laisse échapper aussi aisément; il ne peut pas fournir de sucs aux plantes.

D. Ne distingue-t-on pas plusieurs espèces de sables?

R. Oui, on distingue les sables purs et les sables gras; les sables purs sont ceux dont nous venons de parler; les sables gras sont mélangés avec de la glaise; ils sont excellents pour les arbres, les potagers et les menus grains, et les terres franches sont propres aux grains d'hiver, le froment, le seigle, et aux prairies.

D. N'y a-t-il pas encore d'autres espèces de terres?

R. Oui, on distingue encore la *marne*, la *craie*, la *tourbe* et le *tuf*.

D. La marne seule est-elle fertile (1)?

R. La marne seule n'est pas plus fertile que le sable pur, mais la marne mêlée avec d'autres terres leur sert d'engrais.

D. Quel usage peut-on faire de la craie en agriculture?

R. La craie peut servir d'engrais comme la marne; elle peut elle-même, lorsqu'elle est travaillée et mêlée avec des fumiers, nourrir quelques plantes.

D. Qu'est-ce que la tourbe?

R. La tourbe est un composé de débris de végétaux pourris, mêlé plus ou moins de bitume.

D. La tourbe est-elle fertile?

R. La tourbe qui contient peu de bitume est très-fertile, mais elle est trop légère, et retient difficilement les eaux de pluie.

D. Quel usage peut-on faire de la tourbe?

(1) Spect. de la Nat., t. II, pag. 284.

R. On peut mêler la tourbe qui est trop légère, avec des terres qui sont trop fortes : parce qu'elles contiennent trop d'argille.

D. Qu'est-ce que le tuf?

R. Le tuf est ce qu'on appelle une terre morte, qui n'a aucun principe de végétation.

D. Ne seroit-il pas possible de rendre le tuf propre à la végétation?

R. Oui, il faudroit pour cela le labourer souvent, le laisser long-temps exposé aux influences de l'atmosphère et le fumer.

D. Pourquoi dites-vous que le tuf exposé aux influences de l'atmosphère peut devenir fertile?

R. Je le dis, parce qu'on engraisse tous les jours les terres avec des débris de vieilles murailles, et que ces débris ne sont que du tuf qui avoit servi de mortier, et que sa longue exposition à l'air a rendu fertile.

SIXIÈME LEÇON.

Des maladies des plantes.

D. LES plantes sont-elles sujettés à des maladies comme les animaux ?

R. Oui, les plantes comme les animaux sont sujettes à des maladies.

D. Quelles sont les maladies des plantes ?

R. On en compte un grand nombre, mais nous nous bornerons aux principales.

D. Quelles sont les principales maladies des plantes ?

R. Les principales maladies des plantes sont, 1° la *rouille*; 2° la *nielle*; 3° le *charbon* ou la *carie*; 4° l'*ergot*; 5° la *mousse*; 6° le *gelis*; 7°. la *jaunisse*; 8° l'*étiolement*.

D. Qu'est-ce que la rouille ?

R. La rouille est une poussière jaunâtre qui s'attache aux feuilles et quelquefois à la tige du blé; les feuilles de rosiers y sont aussi sujettes.

D. Quelle est la cause de la rouille ?

R. La rouille vient d'un défaut de

transpiration occasionné par l'épaississement de la séve, ce qui a lieu dans les temps froids et humides.

D. Qu'est-ce que la nielle ?

R. La nielle est cette maladie qui réduit en poussière noire la fleur des blés et de plusieurs autres plantes, ce qui est occasionné aussi par le défaut de transpiration de la séve.

D. Qu'est-ce que le charbon ou la carie ?

R. Le charbon ou la carie ressemble à la nielle, avec cette différence que cette poussière noire sent mauvais et est contagieuse, c'est-à-dire, qu'un grain de blé sain noirci avec cette poussière, produit ensuite des grains de blé cariés.

D. Cette poussière conserve-t-elle long-temps la propriété de communiquer la contagion ?

R. Cette poussière est contagieuse pendant plusieurs années, mais elle l'est toujours de moins en moins à mesure qu'elle vieillit.

D. N'y a-t-il pas un moyen de préserver les blés de cette contagion ?

R. Oui, M. *Tillet* de l'Académie des

Sciences (1), qui a fait de belles expériences sur les maladies des blés, a trouvé que le moyen de préserver les blés de la carie, étoit de les laver dans de l'eau où on a fait infuser de la cendre et de la chaux avant de les semer.

D. Qu'est-ce que l'ergot?

R. L'ergot est un allongement des grains, de seigle surtout, qui les fait ressembler à une longue corne, ou à l'ergot d'un coq.

D. Quelle est la cause de cette maladie?

R. On croit que cette maladie est occasionnée par la piquure de quelqu'Insecte, d'où provient cette excroissance semblable à celle que l'on voit sur les arbres, et que l'on appelle des *gales*.

D. Le seigle ergoté est-il dangereux?

R. Le seigle ergoté est très-dangereux, et produit une maladie connue sous le nom de gangrenne séche, qui fait tomber les membres par parties.

D. L'ergot est-il toujours aussi dangereux?

(1) Ce Savant estimable, mon ancien et respectable ami, vient de mourir (13 Décembre 1791), et il emporte avec lui les regrets des agriculteurs, des Savants, de ses amis et des pauvres dont il étoit le père.

R. L'ergot n'est dangereux que lorsqu'il est nouveau et en grande quantité ; car lorsqu'il est en petite quantité et vieux, il ne produit pas ces mauvais effets.

D. Qu'est-ce que la mousse?

R. La mousse est cette plante parasite dont nous avons parlé, qui s'attache aux arbres et végète à leurs dépens.

D. Quel tort la mousse fait-elle aux arbres (1)?

R. La mousse fait tort aux arbres ; 1° en les privant de la nourriture qu'elle s'approprie à elle-même; 2° en bouchant leurs pores, et arrêtant par-là leur transpiration.

D. Qu'appelez-vous le *gelis* ?

R. Le gelis est la mortalité des plantes et des jeunes pousses, occasionnée par les gelées, surtout celles du printemps.

D. Dans quelles circonstances les gelées sont-elles dangereuses?

R. Les gelées d'hiver sont dangereuses quand elles ont été précédées par un faux dégel, et celles du prin-

(1) Spect. de la Nat., t. I, pag. 459

temps le sont quand elles sont suivies d'un temps clair et de l'action du soleil.

D. Qu'est-ce qui occasionne la jaunisse des plantes ?

R. La jaunisse des plantes est occasionnée par le défaut de la séve qui n'a point les qualités requises dans les terrains maigres, secs et légers, aussi-bien que dans ceux qui sont trop abreuvés d'eau; elle est occasionnée aussi par la piquure des Insectes; les feuilles tombent avant la saison ordinaire.

D. Qu'est-ce que l'étiolement ?

R. L'étiolement est cet état de maigreur pendant lequel les plantes poussent beaucoup en hauteur, et peu en grosseur.

D. Quelle est la cause de l'étiolement?

R. L'étiolement a pour cause le défaut d'air et la privation de la lumière.

D. Pourriez-vous nous prouver que cette cause est la véritable ?

R. Je le prouve par l'observation : les plantes deviennent étiolées quand elles sont trop serrées, quand elles se trouvent dans des endroits obscurs, ou qu'elles sont couvertes trop long-temps avec des cloches.

SEPTIÈME LEÇON.

Du mouvement, de la propagation, et de la feuillaison des plantes.

D. Les plantes ont-elles du mouvement?

R. Oui, quoique les plantes soient fixées et ne puissent pas sortir de la place où elles végètent, elles ont cependant différents mouvements.

D. Quels sont les mouvements des plantes?

R. Les plantes ont, 1° un mouvement de *direction*, qui porte leurs racines de haut en bas, et leurs tiges de bas en haut; 2° un mouvement de *nutation*, qui fait incliner leurs fleurs vers le soleil et suivre le cours de cet astre; 3° un mouvement de *plication*, par lequel les feuilles de plusieurs plantes se plient dans les temps couverts et disposés à l'orage, et souvent dans les temps sereins; telles sont les feuilles des pois, des féves; celles du frêne, et celles de la sensitive; 4° un mouvement de *charnière*, tel est le mouvement des branches de la sensitive; 5° un mouvement de *ressort*, par lequel plusieurs plantes lancent leur semence au loin, telle est la belsamine.

D. Comment les plantes se reproduisent-elles ?

R. Les plantes se reproduisent de plusieurs manières ; 1° par graines ; 2° par bourgeons ou par cayeux, comme les tulippes, les jacinthes, etc. 3° par les feuilles, comme l'aloës et presque toutes les plantes grasses ; 4° par les branches, c'est ce qu'on appelle boutures, comme la vigne, le figuier, l'œillet, etc. ; 5° par la greffe.

D. Comment les plantes se reproduisent-elles par graines ?

R. Les plantes se reproduisent par graines de plusieurs manières ; 1° en laissant tomber leurs graines ; 2° en les lançant au loin par une espèce de ressort ; 3° en confiant au vent le soin de les disperser.

D. Comment le vent peut-il disperser ces graines ?

R. Le vent les disperse facilement, parce que ces graines sont garnies d'aigrettes ou d'aîles, comme la graine de la laitue, du pissenlit, de l'érable, etc.

D. Qu'entendez-vous par les bourgeons ou cayeux?

R. J'entends par les bourgeons ou cayeux, de petits oignons qui poussent à côté du principal oignon, et qui servent à le multiplier.

D. Comment les plantes se reproduisent-elles par les branches (1)?

R. Les plantes se reproduisent par les branches de plusieurs manières; 1° en coupant une branche et la piquant en terre où elle prend racine, comme la vigne, le saule, c'est ce qu'on appelle proprement bouture; 2° en couchant en terre une branche sans la séparer du tronc, comme la vigne, le figuier, c'est ce qu'on appelle provins; 3° en faisant une incision dans une branche et la passant dans un mannequin plein de terre, comme l'œillet, le grenadier.

D. Qu'est-ce que la greffe (2)?

R. La greffe est une opération par laquelle on place sur un arbre les branches ou les boutons d'un autre arbre, pour faire produire au premier des fruits

(1) Spect. de la Nat., t. I, pag. 450.
(2) *Ibid.*, t. II, pag. 158.

semblables à ceux de l'arbre sur lequel on a pris la greffe.

D. Pourquoi greffe-t-on les arbres?

R. On greffe les arbres pour leur faire produire de beaux fruits, sans cela ils resteroient dans leur état naturel, seroient garnis d'épines pour la plupart, et ne produiroient que des fruits sauvages, aigres et fort petits.

D. Comment greffe-t-on les arbres?

R. On greffe les arbres de plusieurs manières; 1° en insérant sous l'écorce de la branche d'un arbre, le bouton que l'on a pris sur la branche d'un autre arbre, c'est ce qu'on appelle *greffer en écusson;* 2° en coupant une grosse branche du sujet qu'on veut greffer, y faisant une fente, et y insérant une branche d'un autre arbre, c'est ce qu'on appelle *greffer en tête* ou en *poupée;* 3° en enlevant l'écorce d'une branche du sujet à greffer, et mettant à la place l'écorce d'une pareille branche prise sur un autre arbre, c'est ce qu'en appelle *greffer en flûte;* 4° en joignant ensemble deux branches de deux arbres voisins, après avoir enlevé l'écorce à l'endroit de la jonction des branches, c'est ce qu'on appelle *greffer en approche.*

D. La greffe n'a-t-elle pas lieu aussi à l'égard des animaux?

R. Oui, la greffe a lieu aussi à l'égard des animaux jusqu'à un certain point; car si on coupe la crête à un coq, et que l'on insère l'ergot de ce même coq ou d'un autre dans l'incision que l'on fait à la racine de la crête, l'ergot prendra racine et croîtra.

D. Tous les arbres se chargent-ils de feuilles et de fleurs en même-temps?

R. Non, cela dépend du degré de chaleur nécessaire à chaque arbre pour lui faire développer ses feuilles et ses fleurs; ainsi le marronnier se couvre de feuilles au commencement du printemps; le noyer et le mûrier rouge ne s'en chargent que vers la fin de cette saison.

D. Quelle est la cause de la chûte des feuilles (1)?

R. Les uns attribuent la chûte des feuilles à la diminution de la séve; les autres au contraire prétendent que la chûte des feuilles est occasionnée par

(1) Spect. de la Nat., t. II, pag. 154.

une trop grande abondance de séve, dont les arbres régorgent en automne et en hiver.

D. Pourquoi la séve seroit-elle plus abondante en automne et en hiver qu'en été ?

R. Ce seroit sans doute parce que les arbres transpirent moins en automne et en hiver qu'en été, et dans ce cas la séve s'évaporeroit moins, et l'arbre en régorgeroit davantage.

HUITIÈME LEÇON.

Des systêmes de Botanique.

D. QU'ENTENDEZ-vous par un systême de botanique ?

R. J'entends par un systême de botanique, un ordre et un arrangement que l'on donne aux plantes pour les reconnoître et retenir leurs noms plus facilement.

D. Sur quoi est fondé l'ordre et l'arrangement qu'on donne aux plantes ?

R. L'ordre qu'on donne aux plantes est fondé sur certains caractères des plantes par lesquels plusieurs se ressemblent, et paroissent ainsi composer différentes familles selon leurs différents caractères.

D. Quels sont les caractères des plantes sur lesquels sont fondés les systèmes de botanique?

R. Les caractères des plantes sont les fleurs, les étamines, le pistil, la graine, les feuilles, le port de la plante, etc.

D. Quels sont les différents systèmes de botanique?

R. Les principaux systèmes de botanique sont au nombre de quatre; 1° celui de M. *Tournefort*; 2° celui de M. *Linnæus*; 3° celui de M. *Bernard de Jussieu*; 4° celui de M. *de la Mark*.

D. Sur quels caractères M. *de Tournefort* fonde-t-il son système?

R. M. de *Tournefort* fonde principalement son système sur la forme des fleurs.

D. Expliquez-nous le système de M. *de Tournefort*?

R. M. *de Tournefort* divise les plantes et les arbres en vingt-deux classes, dont dix-sept pour les plantes et cinq pour les arbres, qu'il auroit pu placer également parmi les plantes, et diminuer ainsi le nombre de ses classes.

D. Quels sont les caractères des classes de M. *de Tournefort?*

R. M. *de Tournefort* divise les fleurs en *monopétales*, ou fleurs composées d'une seule feuille, comme la mauve, et *polypétales*, ou fleurs composées de plusieurs feuilles. Parmi les *polypétales*, il considère le nombre des pétales ou des feuilles au nombre de quatre; ce sont les crucifères, comme la fleur du chou, au nombre de cinq ou plus; ce sont les fleurs en roses; il fait attention à la forme des fleurs, les unes sont en forme de lèvres; ce sont les *labiées*, comme la sauge; les autres sont en forme de mufle d'animaux, comme la *linaire*, ou de forme irrégulière, comme la violette, etc. ce sont les *personnées;* d'autres ressemblent à la fleur des pois, ce sont les *légumineuses;* d'autres ressemblent à un parasol, comme les fleurs du persil, ce sont les *fleurs en ombelles;* d'autres n'ont point de pétales ou de feuilles, comme l'oseille, le blé, la vigne, ce sont les fleurs *à étamines*, ainsi des autres.

D. Sur quoi est fondé le système de M. *Linnæus?*

R. M. *Linnæus*, savant botaniste suédois, fonde son système sur le nombre des étamines et des pistils.

D. En quoi consiste le système de M. *de Jussieu?*

R. M. de Jussieu établit son système sur le nombre des feuilles séminales dont nous avons parlé et qu'on appelle *cotylédons*, et sur la manière dont les étamines et les pistils sont attachés dans la fleur.

D. Quel est le système de M. *de la Mark?*

R. M. *de la Marck* se sert de tous les caractères des plantes, il examine les plantes qui ont ensemble un plus grand nombre de ressemblances, et les range selon l'ordre de ces ressemblances.

D. Que pensez-vous de ces différents systèmes?

R. Je pense que le système de M. *de Tournefort* doit être préféré par les commençants.

D. Pourquoi cela?

R. Parce que les caractères, savoir les fleurs, sur lesquelles le système de

M. *de Tournefort* est fondé, sont plus apparents et plus sensibles que les étamines et les pistils qui caractérisent les autres systèmes.

D. Comment peut-on apprendre la botanique?

R. On apprend la botanique en parcourant la campagne et les bois avec une personne instruite, en cueillant les plantes avec leurs fleurs, en les rangeant autant qu'on peut par ordre dans un cahier de papier gris, ayant soin d'écrire le nom au bas de chaque plante, de les visiter souvent, et surtout de faire de fréquentes courses dans les bois, les plaines, les lieux aquatiques et sur les montagnes.

TROISIÈME PARTIE.

RÈGNE MINÉRAL.

PREMIÈRE LEÇON.

Division du Règne minéral (1).

D. QU'ENTENDEZ-vous par le Règne minéral ?

R. J'entends par le règne minéral, la réunion de tous les corps naturels inanimés qui se trouvent dans la terre ou à la surface de la terre.

D. Pourquoi appelez-vous ces corps naturels des corps inanimés ?

R. Je les appelle des corps inanimés pour les distinguer des animaux et des végétaux qui sont animés, puisqu'ils ont la faculté de croître et de se reproduire.

D. Le Règne minéral est-il très-étendu ?

R. Oui, le Règne minéral est fort étendu.

(1) Spec. de la Nat., t. III, pag. 303-464.

D. Quels sont les corps qui sont compris dans le Règne minéral?

R. Les corps compris dans le Règne minéral sont: 1° les eaux; 2° les terres; 3° les sables; 4° les pierres; 5° les sels; 6° les pyrites; 7° les demi-métaux; 8° les métaux; 9° les bitumes et les soufres; 10° les productions des volcans; 11° les fossiles ou les pétrifications, les pierres figurées, etc.

D. Comment appelle-t-on cet arrangement de minéraux dont vous venez de faire l'énumération?

R. On appelle cet arrangement *système minéralogique*.

D. Quel est l'auteur du système minéralogique dont vous venez de nommer les différentes classes?

R. L'auteur de ce système minéralogique est M. *Valmont de Bomare*, célèbre Professeur d'Histoire naturelle à Paris, connu par son excellent Dictionnaire d'Histoire naturelle, et qui l'a emprunté de *Wallérius*, suédois.

D. N'y a-t-il pas d'autres systèmes minéralogiques?

R. Oui, chaque Naturaliste est libre de distribuer les minéraux selon l'ordre qui lui plaît davantage ; ainsi M. *Daubenton*, démonstrateur du cabinet du roi, et professeur d'Histoire naturelle au collège royal, démontroit dans ses leçons selon un autre système qui paroît aussi fort naturel.

SECONDE LEÇON.

Des Eaux (1).

D. QU'EST-CE que l'eau ?

R. L'eau est ce fluide que l'on voit dans les rivières, dans les fontaines, qui tombe du Ciel sous la forme de pluie et de rosée, dont une partie sert à la végétation des plantes, et dont le reste entretient les sources et les fleuves qui vont se rendre dans la mer.

D. Y a-t-il plusieurs espèces d'eau ?

R. Oui, on distingue les eaux simples ou composées, chaudes ou froides, et les eaux concrètes, connues sous le nom de glace, de neige et de grêle.

D. Qu'entendez-vous par l'eau simple ?

(1) Spect. de la Nat., t. III, pag. 99-172.

R. J'entends celle qui ne contient aucune substance étrangère.

D. Y a-t-il de l'eau naturelle qui ne contienne aucune substance étrangère ?

R. Non, les eaux les plus simples contiennent toujours quelques matières qui leur sont étrangères, mais ordinairement en petite quantité, comme les eaux de pluie, de rosée, qu'on appelle *eaux aériennes*, et les eaux de source, de puits, de rivière, d'étang, de lac, qu'on appelle *eaux terrestres*.

D. Qu'est-ce que l'eau composée ?

R. L'eau composée est celle qui tient en dissolution quelques matières en assez grande quantité, pour que leur présence se rende sensible, soit au goût, soit à l'odorat.

D. Comment appelle-t-on ces eaux composées ?

R. On les appelle eaux minérales.

D. Combien y a-t-il d'espèces d'eaux minérales ?

R. Les eaux minérales varient selon la nature des différentes substances qu'elles tiennent en dissolution, telles sont les eaux ferrugineuses, bitumineuses, sulfureuses, etc. Mais en général on les distingue en eaux froides, et eaux chaudes, ou eaux thermales.

D. Qu'entendez-vous par les eaux froides?

R. J'entends par les eaux froides, celles dont la température ne diffère pas de celle de l'atmosphère dans laquelle elles se trouvent.

D. Qu'appelez-vous eaux chaudes ou eaux thermales?

R. Les eaux chaudes ou thermales sont celles qui ont en sortant de la terre une certaine chaleur plus grande que celle de l'atmosphère.

D. D'où vient cette chaleur des eaux thermales?

R. Cette chaleur vient de ce que ces eaux coulent sur des matières qui, mêlées avec l'eau, se décomposent, fermentent, et produisent de la chaleur.

D. Comment appelle-t-on ces matières?

R. On les appelle des *pyrites*, d'un mot grec qui veut dire *feu*.

TROISIÈME LEÇON.

Des Terres et des Sables.

D. COMBIEN compte-t-on d'espèces de terres ?

R. On en compte en général de deux espèces, savoir, les terres argileuses et les terres calcaires.

D. Qu'entendez-vous par les terres argileuses ?

R. Les terres argileuses sont celles qui durcissent au feu, et qui ne se dissolvent pas dans les acides comme dans l'eau forte.

D. Qu'entendez-vous par les terres calcaires ?

R. Les terres calcaires sont celles qui se calcinent au feu, ou qui se réduisent en chaux, et qui se dissolvent et font effervescence dans les acides.

D. Ne peut-on pas appliquer la même distinction aux sables ?

R. Oui, il y a des sables argilleux, et des sables calcaires ; mais, outre ces deux espèces de sables, on distingue encore les sables de pierres, les sables ignescents vitreux, et les sables métallifères.

D. Qu'appelez-vous sables de pierres?

R. Ce sont des sables formés des débris de différentes pierres, c'est ce qu'on appelle *gravier*.

D. Quels sont les sables ignescents vitreux?

R. Ce sont ceux qui sont formés des débris de pierres à feu, comme le quartz, le silex, et qui sont plus petits que le gravier et plus arrondis; tels sont la plupart des sables qui bordent la mer, et le sable que l'on trouve dans la terre.

D. Qu'entendez-vous par les sables métallifères?

R. Ce sont ceux qui contiennent des particules de métal, comme du fer, du cuivre, de l'argent, de l'or, etc.

D. Quel est l'usage du sable?

R. On se sert du sable mêlé avec un fondant pour faire du verre, ce fondant est là soude ou la cendre.

QUATRIÈME LEÇON.

Des Pierres (1).

D. COMMENT se forment les pierres ?

R. L'explication de la formation des pierres exige des connoissances que nous ne pouvons pas avoir à notre âge, mais nous espérons bien pouvoir vous en rendre compte quand nous serons assez avancés pour apprendre les *grandes leçons d'Histoire naturelle.*

D. Dites-moi au moins combien il y a de sortes de pierres ?

R. On distingue cinq sortes de pierres ; 1° les pierres argileuses ; 2° les pierres calcaires ; 3° les pierres gypseuses, ou de la nature du plâtre ; 4° les pierres ignescentes ou scintillantes ; 5° les pierres agrégées.

D. Qu'entendez-vous par les pierres argileuses ?

R. Les pierres argilleuses sont celles qui ne se dissolvent point dans les acides, et qui soutiennent l'action d'un

(1) Spect. de la Nat., t. III, pag. 756.

ſeu ordinaire sans se convertir en chaux ou en verre. Telle est, par exemple, la pierre d'ardoise.

D. Qu'est-ce que les pierres calcaires?

R. Les pierres calcaires sont celles qui se réduisent en chaux au ſeu, et qui se dissolvent dans les acides. Telles sont la plupart des pierres des environs de Paris, l'albâtre, le marbre, etc.

D. Qu'entendez-vous par les pierres gypseuses et plâtreuses?

R. Ce sont celles qui ne se dissolvent point dans les acides, qui ne se changent pas en chaux au ſeu, mais qui se réduisent après avoir éprouvé l'action du ſeu, en une poussière qu'on appelle *plâtre*.

D. Qu'appelez-vous pierres ignescentes?

R. Les pierres ignescentes sont celles qui ſont ſeu lorsqu'on les ſrappe avec l'acier, qui se vitriſient au ſeu sans produire ni chaux ni plâtre, et qui ne se dissolvent point dans les acides. Tels sont les cailloux, l'agate qui est une espèce de caillou, les grès et toutes les pierres précieuses.

D. Qu'entendez-vous par les pierres agrégées?

R. Les pierres agrégées sont celles qui sont formées de la réunion de plusieurs pierres de différentes natures, et de différentes couleurs; tels sont le porphyre, le poudingue, le granit, etc.

CINQUIÈME LEÇON.

Des Sels (1).

D. QUELLES sont les propriétés générales des sels?

R. Les propriétés générales des sels, sont de se dissoudre dans l'eau et de se cristalliser ensuite à mesure que l'eau s'évapore, de se fondre dans le feu.

D. Y a-t-il plusieurs espèces de sels?

R. On en distingue de plusieurs espèces, dont voici les principales: 1° l'alun; 2° le vitriol; 3° le natron; 4° le nitre ou salpêtre; 5° le sel gemme; 6° le sel commun; 7° le sel ammoniac; 8° le borax.

D. Qu'est-ce que l'alun?

R. L'alun est un sel qu'on trouve en

(1) Spect. de la Nat., t. III, pag. 314.

Italie, et qui est d'un grand usage dans les teintures.

D. Qu'est-ce que le vitriol?

R. Le vitriol est un sel qui contient du fer, et qui se trouve attaché aux parois des grottes ou des minières métalliques : il sert à faire de l'encre.

D. Qu'est-ce que le natron?

R. Le natron est un sel qui se forme sur les murs et contre les vieilles voûtes par bandes farineuses.

D. Qu'est-ce que le nitre ou le salpêtre?

R. Le nitre ou le salpêtre est un sel qui se forme naturellement le long des murs, et même sur la terre dans les pays du Nord; il entre dans la composition de la poudre à canon

D. Qu'est-ce que le sel gemme?

R. Le sel gemme est un sel qu'on trouve dans la terre, surtout en Pologne, dans des mines fort profondes et fort étendues.

D. Qu'est-ce que le sel commun?

R. Le sel commun, autrement appelé sel marin ou sel de cuisine, est un sel qu'on obtient en faisant évaporer l'eau de la mer.

D. Qu'est-ce que le sel ammoniac?

R. On distingue deux espèces de sel ammoniac, l'une est le produit de l'urine des chameaux et d'autres différents animaux, desséchée par le soleil; et l'autre se trouve attachée aux parois des bouches des volcans. Cé sel sert à l'étamage de la vaisselle de cuivre.

D. Qu'est-ce que le borax?

R. On n'en connoît pas bien l'origine, il sert de fondant à l'argent, à l'étain et à plusieurs métaux.

SIXIÈME LEÇON.

Des Pyrites et des demi-métaux.

D. Qu'ENTENDEZ-vous par pyrites?

R. Les pyrites sont des substances qui ressemblent à du métal, qui sont cristallisées et qui font feu avec le briquet.

D. Où trouve-t-on les pyrites?

R. On trouve les pyrites en masses dans les montagnes qui contiennent les métaux, et que l'on appelle *montagnes à filons*, et l'on trouve les pyrites isolées dans d'autres montagnes que l'on appelle *montagnes à couches*, et qui contiennent de la craie ou d'autres pierres à chaux.

D. Comment les pyrites se trouvent-elles dans les montagnes à couches?

R. Les pyrites se trouvent dans les montagnes à couches, parce qu'elles y ont été transportées par les eaux.

D. Les pyrites contiennent-elles du métal?

R. Les pyrites paroissent contenir du métal, mais il y est en très-petite quantité; les pyrites sont presqu'entièrement formées de soufre et de vitriol, et elles se réduisent en fumée dans le feu en produisant du sel vitriolique. Les pyrites exposées à l'air se dissolvent et se décomposent.

D. Qu'est-ce qu'on appelle demi-métal?

R. Le demi-métal est un corps qui a quelque ressemblance avec les métaux, mais qui en diffère par les qualités essentielles.

D. Quelle différence y a-t-il entre les demi-métaux et les métaux?

R. Les demi-métaux pèsent moins que les métaux; exposés au feu ils s'évaporent, ils se dissolvent dans l'eau simple et bouillante, ils ne s'étendent pas sous le marteau ; mais ils se brisent.

D. Les demi-métaux se trouvent-ils purs dans la terre.

R. Non, les demi-métaux sont presque toujours alliés à d'autres substances métalliques, ou mêlés et minéralisés avec le soufre et l'arsenic.

D. Combien compte-on d'espèces de demi-métaux ?

R. On en compte six espèces ; 1° l'*arsenic*, qui est un poison très-subtil ; 2° le *cobalt*, qui est aussi un poison et qui sert à écarter les mouches, ou à les faire périr ; 3° le *bismuth ;* 4° le *zinc ;* 5° l'*antimoine*, qui sert à faire l'émétique ; 6° le *mercure*, qui est toujours fluide, et que l'on emploie dans la plupart des instruments de physique, comme baromètres, thermomètres, hygromètres, etc.

SEPTIÈME LEÇON.

Des Métaux (1).

D. Quelles sont les propriétés générales des métaux?

R. Les métaux sont flexibles, ductiles, c'est-à-dire, qu'ils peuvent s'étendre sous le marteau, ne se dissipent point au feu, et sont les corps les plus solides et les plus pesants que l'on connoisse.

D. Combien y a-t-il de métaux?

R. On compte six métaux; 1° le plomb; 2° l'étain; 3° le fer; 4° le cuivre; 5° l'argent; 6° l'or; on y ajoute le platine.

D. Les métaux sortent-ils de la terre tels que nous les voyons?

R. Non, ils sont plus ou moins mélangés ou combinés avec des substances étrangères, telles que le soufre, l'arsenic, etc., et ils doivent passer par le feu pour les en dégager et les purifier.

D. Tous les métaux se fondent-ils à un égal degré de feu?

(1) Spect. de la Nat., tom. III, pag. 406.

R. Non, il y en a qui sont bien plus difficiles à fondre que les autres.

D. Quels sont les métaux faciles à fondre ?

R. Les métaux faciles à fondre sont le plomb et l'étain.

D. Qu'est-ce que le plomb ?

R. Le plomb est le plus mou de tous les métaux, et même des demi-métaux.

D. Qu'est-ce que l'étain?

R. L'étain est après le plomb le plus mou des métaux, mais il est plus ductile, puisqu'on en fait des feuilles très-minces dont on se sert pour étamer les glaces.

D. Quels sont les métaux difficiles à fondre?

R. Les métaux difficiles à fondre, sont le fer, le cuivre, l'argent et l'or.

D. Qu'est-ce que le fer ?

R. Le fer est le plus utile des métaux, et en même temps le plus commun et le plus universellement répandu dans la terre ; il est le plus dur des métaux, et le plus généralement employé.

D. Qu'est-ce que le cuivre?

R. Le cuivre est après le fer le métal le plus utile, il est très-ductile, puisqu'on le réduit en feuilles minces, et en fils presqu'aussi déliés qu'un cheveu.

D. N'y a-t-il pas deux espèces de cuivre?

R. Non, il n'y en a qu'une espèce qu'on appelle *cuivre reuge;* et celui que l'on appelle *cuivre jaune* n'a cette couleur, que parce qu'on a mêlé du zinc au cuivre rouge en le fondant.

D. Est-il vrai que l'usage de la vaisselle de cuivre soit dangereux?

R. Oui, l'usage du cuivre est très-dangereux, parce qu'il s'y forme une espèce de rouille connue sous le nom de *verd de gris*, qui est un véritable poison.

D. Comment peut-on se préserver de ce danger?

R. On s'en préserve en étamant la vaisselle de cuivre, c'est-à-dire, en couvrant d'une feuille d'étain les parois et le fond des vaisseaux de cuivre; mais le meilleur seroit de bannir entièrement le cuivre des cuisines.

D. Qu'est-ce que l'argent?

R. L'argent est le plus beau, le plus brillant, et en même temps le plus dangereux des métaux.

D. Est-ce que l'argent produit aussi du verd de gris?

R. Non, mais il devient dangereux lorsqu'on fait consister son bonheur à le posséder, et qu'on s'en sert pour satisfaire ses passions.

D. Qu'est-ce que l'or?

R. L'or est le plus pesant, le plus ductile et le plus fixe des métaux, mais il est aussi dangereux que l'argent.

D. Auquel de tous ces métaux donnez-vous la préférence?

R. Je préfère le fer à tous les métaux.

D. Pourquoi cela?

R. Parce que c'est le métal le plus utile et le moins dangereux.

D. Qu'est-ce que le platine?

R. Le platine est une substance qu'on ne peut définir; elle n'est point métal puisqu'elle s'évapore au feu, comme les demi-métaux, et elle n'est point demi-métal, puisqu'elle a la pesanteur des métaux, et qu'elle est ductile comme eux.

HUITIÈME LEÇON.

Origine des Métaux et des Montagnes.

D. Ou trouve-t-on les métaux?

R. On trouve les métaux dans les montagnes primitives, et jamais dans les montagnes secondaires, à moins qu'ils n'aient été transportés par les eaux.

D. Qu'entendez-vous par les montagnes primitives ?

R. J'entends par les montagnes primitives, celles qui sont aussi anciennes que le globe.

D. Qu'entendez-vous par les montagnes secondaires ?

R. Les montagnes secondaires sont celles qui ont été formées depuis l'époque de la création.

D. Quelle différence y a-t-il entre les montagnes primitives et les montagnes secondaires ?

R. La différence est que les montagnes primitives sont composées de matières qui n'ont entr'elles aucun arrangement régulier, au lieu que les montagnes secondaires sont disposées par couches régulières et ordinairement horizontales.

D. Comment se sont formées les montagnes primitives?

R. Il y a lieu de croire que Dieu les a créées telles, en tirant la terre du néant.

D. Sous quelle forme les métaux se trouvent-ils dans les montagnes?

R. Les métaux s'y trouvent sous la forme de filons, qui suivent toutes sortes de directions.

D. Comment expliquez-vous ces filons?

R. Ces filons ont été d'abord vides, c'étoient des fentes, des gerçures, qui se sont faites dans les montagnes à mesure qu'elles se desséchoient, après être sorties de l'eau d'où Dieu les a tirées.

D. Comment ces fentes se trouvent-elles remplies de métal?

R. Ces fentes se sont remplies et se remplissent encore de métal, par l'action des feux souterrains qui forment les matières métalliques, et par celles de petits courants d'eau qui charient ces matières et les déposent dans ces fentes où ils s'insinuent.

D. Comment expliquez-vous les crystallisations qu'on y trouve aussi ?

R. Les crystallisations sont aussi produites par des filets d'eau qui charient les sables et les parties métalliques qu'elles rencontrent ; l'eau s'évapore, et le dépôt reste sous la forme de crystaux plus ou moins colorés, selon la quantité de parties métalliques qu'ils contiennent.

D. Comment se sont formées les montagnes secondaires ?

R. Les montagnes secondaires ont été formées par la mer, qui, soit par ses flux et reflux, soit par ses allées et venues et ses courants, a déposé dans différents endroits de son lit les matières qu'elle charioit, et a formé ces montagnes à couches énormes de pierres, de marbres, de corps marins ; de sable, etc.

D. Comment ces montagnes sont-elles sorties du sein de la mer ?

R. Elles en sont sorties lorsque Dieu, pour punir les hommes, permit un bouleversement général par le moyen du déluge.

D. Quel effet a produit ce bouleversement général ?

R. Il a occasionné un changement de lit dans la mer, de manière que ce qui étoit habité avant le déluge, devint le lit de la mer, et que ce qui étoit alors le lit de la mer, est maintenant le continent que nous habitons.

D. Comment prouvez-vous que les choses sont arrivées ainsi?

R. Je le prouve par l'Ecriture. Dieu en déclarant à Noé le châtiment qu'il préparoit aux hommes, dit: *Je les détruirai avec la terre.*

D. Que veut dire ce passage de la Genèse?

R. Il veut dire que les hommes qui existoient alors, et toute la surface sèche de la terre qu'ils habitoient, seroient détruits; et c'est ce qui est arrivé, puisque cette surface sèche a cessé d'être l'habitation des hommes, et qu'une autre surface qui étoit alors le lit de la mer, et qui n'étoit point habitée, a pris la place de la première.

D. N'y a-t-il pas d'autres montagnes secondaires?

R. Oui, il y a des montagnes qui sont formées par les éruptions des volcans, et il y en a d'autres qui sont formées, soit par des tremblements de terre, soit par d'autres révolutions particulières; mais ces montagnes sont reconnoissables par le désordre qui règne dans la disposition des matières qui les composent.

NEUVIÈME LEÇON.

Des bitumes et soufres, des productions des volcans.

D. QUELLE est la nature des bitumes et des soufres?

R. Les bitumes et les soufres ont la propriété de se fondre au feu, de s'y enflammer, et de répandre une fumée d'une odeur forte; plongés dans l'eau ils ne se dissolvent pas.

D. Y a-t-il différentes espèces de bitumes?

R. Oui, il y en a de liquides, comme l'huile de pétrole qui filtre à travers certains rochers; il y en a de mollasses, comme la poix minérale; il y en a de solides et écailleux, comme le charbon minéral, ou le charbon de terre; enfin il y en a de durs, cassants et susceptibles de poli, comme le jayet et le succin, ou l'ambre jaune et l'ambre gris.

D. Qu'est-ce que le soufre?

R. Le soufre est une substance inflammable qui se forme tous les jours, et qui est le produit de matières putréfiées, et surtout de matières fécales; on en trouve aussi dans le voisinage des volcans.

D. Qu'est-ce qu'un volcan?

R. Un volcan est une montagne qui contient dans son sein des matières inflammables et enflammées, et qui vomit par des ouvertures que le feu se pratique, des torrents de différentes matières embrâsées, des pierres, des cendres, et quelquefois même de l'eau, tels sont l'Etna en Sicile, et le Vésuve dans le Royaume de Naples.

D. Y a-t-il toujours eu des volcans?

R. Oui, il paroît qu'il y en a toujours eu, et que la plupart des montagnes ont vomi des flammes, mais ils s'éteignent quand les matières inflammables sont épuisées. Telles sont les montagnes des ci-devant provinces d'Auvergne, du Vivarais, de la Provence, qui sont des volcans éteints.

D. Quelle preuve avez-vous que ces montagnes ont été des volcans ?

R. C'est que l'on trouve dans ces montagnes et dans les environs, des matières qui ne peuvent avoir été produites que par des volcans.

D. Quelles sont les productions des volcans?

R. Les volcans produisent; 1° la *pierre-ponce* qui a été calcinée et qui nage sur l'eau; 2° des *laves* que le feu avoit rendu fluides et qui se sont durcies; 3° de la *pozzolane*; espèce de lave en forme de cendre, 4° des *basaltes*, autre espèce de lave en forme de colonne prismatique, extrêmement grosses.

D. Quelle est l'origine des volcans?

R. Les volcans contiennent des pyrites et de l'eau; les pyrites se dissolvent dans l'eau, fermentent, s'enflamment; l'eau se réduit en vapeurs dont la force est si prodigieuse, qu'elles surmontent tous les obstacles; on peut attribuer à la même cause les tremblements de terre.

DIXIÈME LEÇON.

Des fossiles étrangers à la terre (1), *comme coquilles, coraux, madrépores, etc.*

D. QU'ENTENDEZ-vous par les fossiles?

R. J'entends par les fossiles des corps étrangers à la terre, et qui s'y trouvent cependant ensevelis, quelquefois à une très-grande profondeur.

D. Quels sont ces corps étrangers à la terre?

R. Ce sont des corps qui appartiennent aux Règnes animal et végétal, comme des ossements de quadrupèdes, des poissons, des coquillages, des coraux, des madrépores, des plantes, des arbres, etc.

D. Comment ces corps étrangers à la terre s'y trouvent-ils ensevelis?

R. Ils y sont ensevelis, parce que, comme nous l'avons dit, la terre que nous habitons à présent, étoit le lit de

(1) Spect. de la Nat., t. III, pag. 303.

la mer avant le déluge, et que les dépôts de la mer ont recouvert tout ce qui périssoit dans son sein.

D. Dans quel état trouve-t-on les corps fossiles?

R. On les trouve ordinairement pétrifiés, ou agatisés, quelquefois dans leur état naturel.

D. Dans quel état trouve-t-on les coquilles fossiles?

R. La plupart des coquilles fossiles sont détruites, et on n'en trouve que l'empreinte dans la pierre; ou la forme de l'intérieur de la coquille, savoir une espèce de noyau.

D. Y a-t-il plusieurs espèces de coquilles fossiles?

R. Oui, on distingue les coquilles univalves, ou d'une seule pièce, comme les limaçons, les coquilles bivalves ou à deux battants, comme les huîtres, et les coquilles multivalves, ou à plusieurs pièces comme les oursins.

D. Les coraux, les madrépores dont vous avez parlé ne sont-ils pas des plantes?

R. On a cru long-temps que c'étoit des plantes marines pierreuses, mais

M. *Bernard de Jussieu*, a prouvé que ces prétendues plantes étoient formées par des animaux qui y logeoïent.

D. Comment appelle-t-on ces animaux?

R. On les appelle des polypes.

D. Qu'est-ce qu'un polype?

R. Un polype est un très-petit Insecte qui a la forme d'un tuyau, dont la tête est garnie de filets que l'Insecte allonge ou raccourcit à volonté, et qui lui servent de bras pour chercher et saisir sa proie.

D. Quelles sont les propriétés de ce petit Insecte?

R. Ce petit Insecte a la propriété de pouvoir être coupé par morceaux sans cesser de vivre, et chaque morceau formera bientôt autant de différents polypes; si on le retourne comme un gant, il continue à vivre; ses petits sortent de tous les points de son corps, comme les boutures d'un arbre.

D. Comment le polype forme-t-il ce que vous appelez coraux et madrépores?

R. Le polype forme les coraux et les madrépores, comme les abeilles forment leurs gâteaux et leurs alvéoles ; chaque polype a sa petite alvéole, et de la réunion de ces alvéoles résulte une espèce de petit arbre connu sous le nom de corail, et qui est un véritable polypier.

D. Où se trouvent ces polypiers?

R. Les polypiers se trouvent dans la mer et attachés contre les rochers ; et comme ils sont très-communs et très-variés pour les espèces dans certaines mers, voilà pourquoi on trouve une si grande quantité de coraux et de madrépores fossiles.

D. Quelle conséquence devez-vous tirer de ces merveilles et de toutes celles que vous avez racontées jusqu'à présent?

R. La conséquence que nous en tirons, c'est que Dieu qui est admirable en tout, l'est encore plus dans les petites choses que dans les grandes, et qu'il ne cesse de nous donner des preuves de sa bonté et de sa tendresse, puisque nous ayant accordé l'usage de toutes les créatures, ce qu'il fait pour elles, c'est pour nous qu'il le fait.

D. Que ferez-vous pour reconnoître cette bonté de Dieu ?

R. Je le prierai de me faire la grace d'augmenter mon amour et mon respect pour lui, à mesure que j'apprendrai à connoitre ses œuvres admirables, et de lui prouver mon amour par mes bonnes œuvres et ma bonne conduite.

FIN.

AVIS

A Messieurs les Instituteurs de la Jeunesse.

MESSIEURS les Instituteurs s'apercevront qu'il y a bien des choses à désirer dans ces Leçons, et qu'on a été obligé d'omettre, pour se borner à des définitions exactes et à des détails fort courts et proportionnés à l'âge de leurs jeunes Elèves. Ils voudront donc bien y suppléer par des explications qu'ils pourront puiser dans le *Spectacle de la Nature*, dans les *Mémoires sur les Insectes* de M. *De Réaumur*, ou dans l'abrégé qui en a été fait par M. *Bazin*, 6 vol. *in*-12. Dans les *Eléments d'Agriculture* de M. *Duhamel*, dans la *Flore Françoise*, de M. *de la Mark*, dans la *Minéralogie* de M. *Valmont de Bomarre*, dans les *Lettres Physiques et Morales sur l Histoire de la Terre et de l'Homme*, *par M. Deluc*, etc. Nous avons publié des Leçons plus étendues qui contiennent les détails que l'on pourroit désirer dans celles-ci; elles sont destinées à l'instruction des jeunes gens d'un âge plus avancé. L'accueil que le Public a fait à ces Leçons, nous a engagés à en publier de semblables à l'usage des Enfants, sur la *Physique* et sur *l'Agriculture*; on les trouve chez le même Libraire.

TABLE DES MATIÈRES

Des Leçons élémentaires d'Histoire naturelle, par demandes et par réponses.

PREMIÈRE PARTIE.

RÈGNE ANIMAL.

SECONDE PARTIE.

RÈGNE VÉGÉTAL.

TROISIÈME PARTIE.

RÈGNE MINÉRAL.

Fin de la Table des Matières.

OUVRAGES ÉLÉMENTAIRES

Sur l'Histoire naturelle, la Physique, et l'Agriculture, à l'usage des Enfants et des jeunes gens.

Par M. COTTE, Correspondant de l'Institut de France, etc.

Qui se trouvent chez le même Libraire.

1° LEÇONS Élémentaires d'Histoire naturelle, par demandes et réponses, à l'usage des Enfants, troisième édition revue par l'Auteur, *in*-12, 1810, prix relié, 2 fr. 75 c.

« Ce livre manquoit à la première
» éducation, dit M. *Desbois de Ro-*
» *chefort*, qui a été le censeur de la
» première édition, et l'âge pour lequel
» il est destiné, en tirera le plus grand
» profit; par l'exactitude, la clarté, la
» précision des connoissances qui y sont
» exposées. Ce Catéchisme d'Histoire

» naturelle aura le double avantage
» d'intéresser l'enfance par le spectacle
» varié, toujours nouveau, toujours
» merveilleux de la Nature, et d'exci-
» ter pour son Auteur les sentiments
» de la reconnoissance et de l'amour le
» plus parfait ». Nous ajouterons que le succès a confirmé ce jugement du censeur; non seulement cet ouvrage est devenu un livre classique dans plusieurs maisons d'éducation, on l'a même répandu dans les campagnes, comme un livre capable de former en même temps l'esprit et le cœur des jeunes gens de l'un et de l'autre sexe entre les mains desquels on l'a mis.

2° Leçons élémentaires d'Histoire naturelle, à l'usage des jeunes gens, *in*-12, 2e édit., prix relié, 3 fr. 25 c.

Les Leçons contenues dans cet ouvrage ne sont plus par demandes et réponses, mais elles supposent dans les jeunes gens auxquels elles sont destinées, les connoissances acquises par la lecture des Leçons en forme de Catéchisme, dont elles sont le développement. Elles ont pour objets, 1° la *Théorie de la Terre;* l'Auteur expose et réfute les différents systèmes qui ne s'accordent pas avec celui qu'il a cru devoir adopter; 2° la *Minéralogie;* M. Cotte donne une idée exacte et précise de tous les corps naturels qui forment cette classe. Il insiste particulièrement sur ceux qui sont d'une utilité reconnue dans les Arts; 3° la *Botanique;* l'Auteur entre dans le détail de tout ce qui forme les éléments de cette science, la végétation, la séve, les différentes parties des plantes, leurs maladies, etc. Il expose ensuite les principales méthodes qu'on a imaginé pour classer les plantes; 4° l'*Insectologie;* c'est un abrégé de l'excellent ouvrage de M. *Geoffroi*, sur les Insectes des environs de Paris; on apprend ici à connoître les caractères qui distinguent les Insectes entre eux. L'histoire de leurs métamorphoses et de leur adresse pour pourvoir à leur subsistance, de leurs ruses dans les guerres qu'ils se livrent. On peut dire de cet ouvrage qu'il est fait dans le même esprit que le premier, et que les jeunes gens ne peuvent suivre un meilleur guide pour les introduire dans le sanctuaire de la Nature, dont le divin Auteur sera toujours devant leurs yeux.

~~~~~~~~~~~~

3° Manuel d'Histoire naturelle, ou Tableau systématique des trois Règnes minéral, végétal et animal, etc. *in*-8°. prix rel. 3 fr. 50 c.

Ce Manuel est fait pour accompagner les Leçons à l'usage des jeunes gens, cependant il se vend séparément; on y trouve les principales Méthodes publiées jusqu'ici pour classer les corps naturels des trois Règnes: telles sont pour la Minéralogie, les Méthodes de MM. *Valmont de Bomarre*, *d'Aubenton et Buffon*; pour la botanique, celles de MM. *de Tournefort*, *Linné*, *dela Marck*, *et Bernard de Jussieu*; un tableau des classes, des ordres et des sections de M. *de Tournefort*; une table des époques de la feuillaison, de la floraison de plusieurs plantes et arbres, de la maturité de leurs fruits,
~~~~~~~~~~~~

de l'apparition et de la disparition des oiseaux de passage et des Insectes dans le climat de Paris ; une table systématique des Insectes selon la Méthode de M. *Geoffroy ;* une table alphabétique des plantes et des Insectes qui vivent sur les plantes , avec l'indication du tome , de la page , de la planche et de la figure des ouvrages de MM. *Réaumur et Geoffroi ,* où ces Insectes se trouvent décrits et gravés. Enfin une table des noms françois et latins des genres d'Insectes , selon la Méthode de M. *Geoffroy ,* avec la plus grande et la moindre dimension en longueur et largeur des espèces de chaque genre , et le nombre des espèces : on voit par la quantité de choses contenues dans ce Manuel , quoique très-mince et très-portatif, combien il est précieux aux jeunes gens pour qui il a été fait, et aux Naturalistes en général.

4° Leçons Elémentaires de Physique, d'Astronomie et de Météorologie, par demandes et réponses, à l'usage des Enfants, *in*--12, ornées de 6 cartes 2e édit., prix rel. 3 fr.

Ces Leçons qui peuvent servir d'introduction à celles de M. l'abbé *Nollet*, complètent le Cours d'Histoire naturelle et de Physique que M. *Cotte* destine à l'instruction de l'enfance et de la jeunesse. Il a mis à la portée des Enfants les phénomènes relatifs aux différentes propriétés des corps, au mouvement, à la mécanique, à l'air, l'eau, le feu, la lumière, l'électricité, l'aiman, l'astronomie et la météorologie. La clarté et la méthode qui caractérisent les ouvrages de M. *Cotte*, se retrouvent dans ces Leçons; il a eu soin de saisir toutes les occasions de fixer l'attention de ses jeunes élèves sur le divin Auteur des merveilles qu'il leur fait connoître, et de leur inspirer les sentiments de respect et d'amour dont il est lui-même pénétré pour la religion.

5° Leçons Elémentaires d'Agriculture, par demandes et réponses, à l'usage des Enfants, avec une suite de questions sur l'Agriculture, la Topographie, la Minéralogie, *in*-12, prix rel. 2 fr. 75 c.

6° Leçons d'Histoire naturelle, sur les Mœurs et sur l'Industrie des Animaux, 2 vol. *in*-12, prix rel. 6 fr. 50 c.

7° Leçons Elémentaires sur le choix et la conservation des grains, la Meunerie, la Boulangerie, etc.; suivi d'un catéchisme à l'usage des habitants de la campagne, *in*-12, prix broché, 1 fr.

L'Agriculture, le premier des Arts, puisqu'il est le plus utile, devoit fixer l'attention de M. *Cotte* dans le plan d'instructions qu'il avoit formé pour la jeunesse. C'est surtout à l'enfance villageoise qu'il destine les Leçons que nous annonçons. Son but est de les mettre en état de lire avec fruit *les Eléments d'Agriculture* de M. *Duhamel*. C'est donc d'après ce grand Maître qu'il expose avec clarté et précision les principes relatifs à la culture des grains, des prairies naturelles et artificielles, des racines, des plantes propres à la filature et à la teinture, de la vigne, et des arbres fruitiers. Il parle aussi des soins qu'exigent les abeilles, et des principales maladies des bestiaux. M. *Cotte* termine ses Leçons par une suite de questions sur l'Agriculture, la Topographie et la Minéralogie. Son objet est de fixer l'attention des cultivateurs, et de les mettre en état de procurer aux Sociétés d'Agriculture, les lumières dont elles ont besoin pour perfectionner la théorie de cette science, et pour en propager les bonnes pratiques.

M. *Cotte* a fait paroître en décembre 1790, et en mai 1791, deux brochures *in-4° sur les poids et mesures*, qui ont été présentées à l'Assemblée nationale.

1° *Vues sur la manière d'exécuter le projet d'une mesure universelle, décrété par l'Assemblée nationale*, prix 4 s.

2° *Mémoire sur la comparaison des opérations relatives à la mesure de la longueur du pendule simple à secondes, et à celle d'un arc du méridien, pour obtenir une mesure universelle*, prix 6 s.

Le même Auteur a publié un Recueil de *Mémoires sur la Météorologie*, 2 vol. *in*-4°, avec 29 planches et nombre de tableaux; à Paris, de l'Imprimerie royale, 1788. Ils se vendent chez *Barrois* l'aîné et jeune (Théophile), et chez *Bachelier*, libraire, quai des Augustins, n° 55, chez lequel on trouve aussi les tomes X et XI de la *Table des Matières* des Mémoires de l'Académie des Sciences et des Savants étrangers, rédigée par M. *Cotte*. Les Mémoires sur la Météorologie, sont la suite et le Supplément du *Traité de Météorologie* que M. *Cotte* a fait imprimer aussi à l'Imprimerie royale en 1774, un vol. *in*-4°, qui se vend chez les mêmes libraires. Outre les Mémoires contenus dans les deux volumes qui ont paru en 1789, on y trouvera les résultats des observations météorologiques faites dans plus de 200 villes différentes. Les volumes III et IV de ces Mémoires sont prêts à mettre sous presse.

Pl. 1.

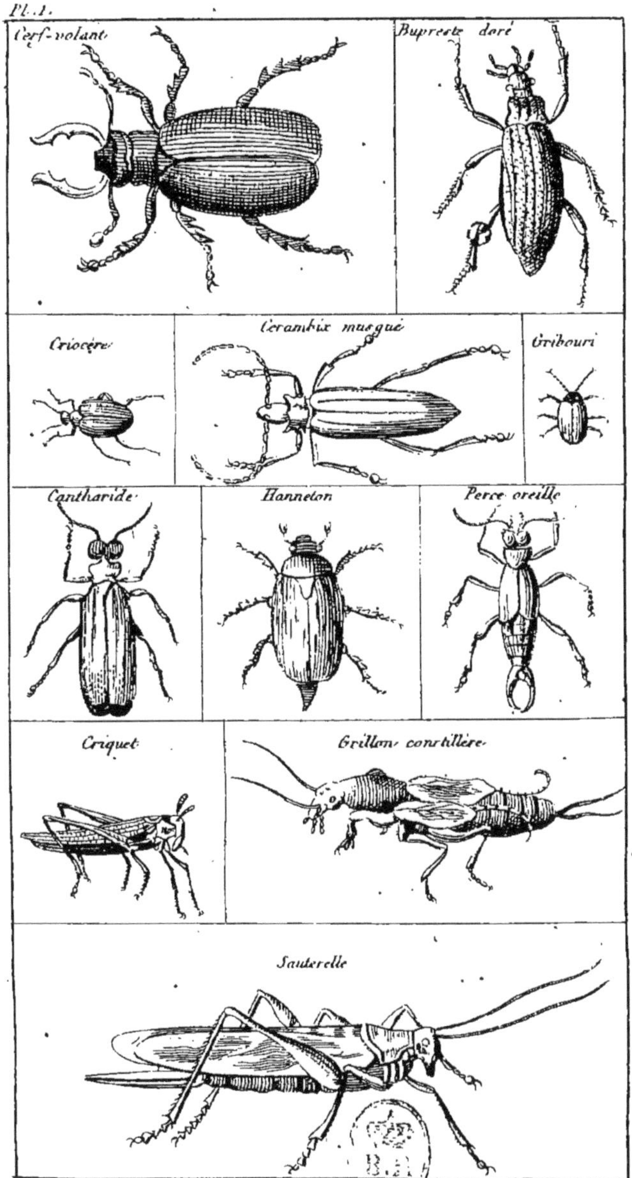
Cerf-volant
Bupreste doré
Criocère
Cerambix musqué
Gribouri
Cantharide
Hanneton
Perce oreille
Criquet
Grillon courtillère
Sauterelle

Pl. 2.

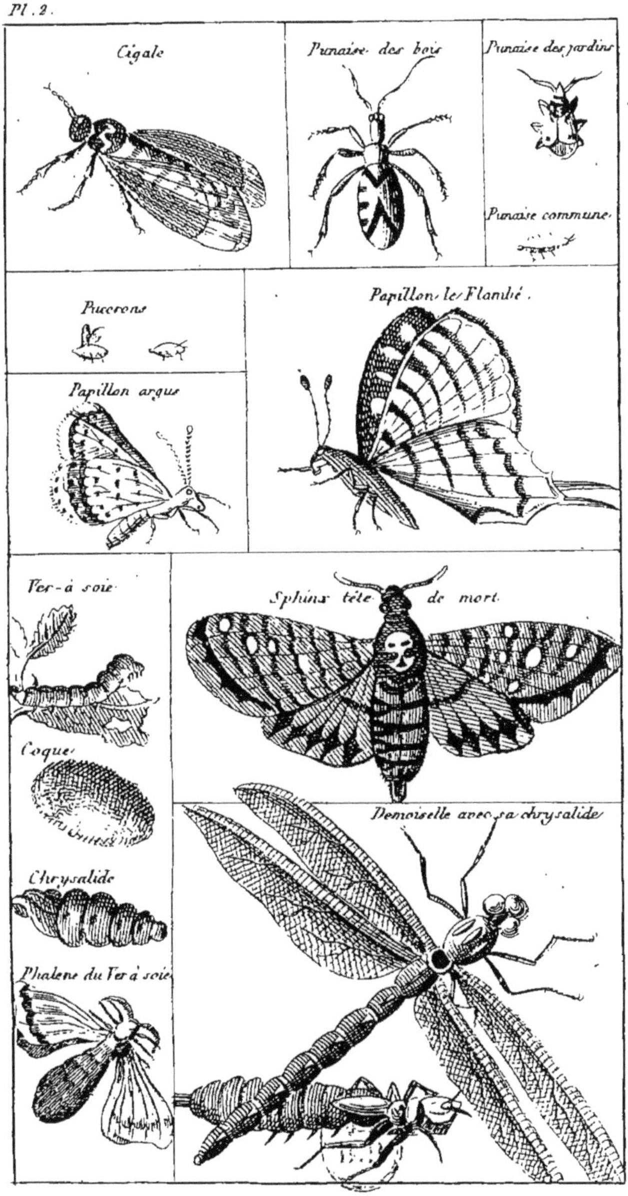
Cigale
Punaise des bois
Punaise des jardins
Punaise commune
Pucerons
Papillon le Flambé
Papillon argus
Ver-à soie
Sphinx tête de mort
Coque
Chrysalide
Demoiselle avec sa chrysalide
Phalene du Ver à soie

Pl. 3.

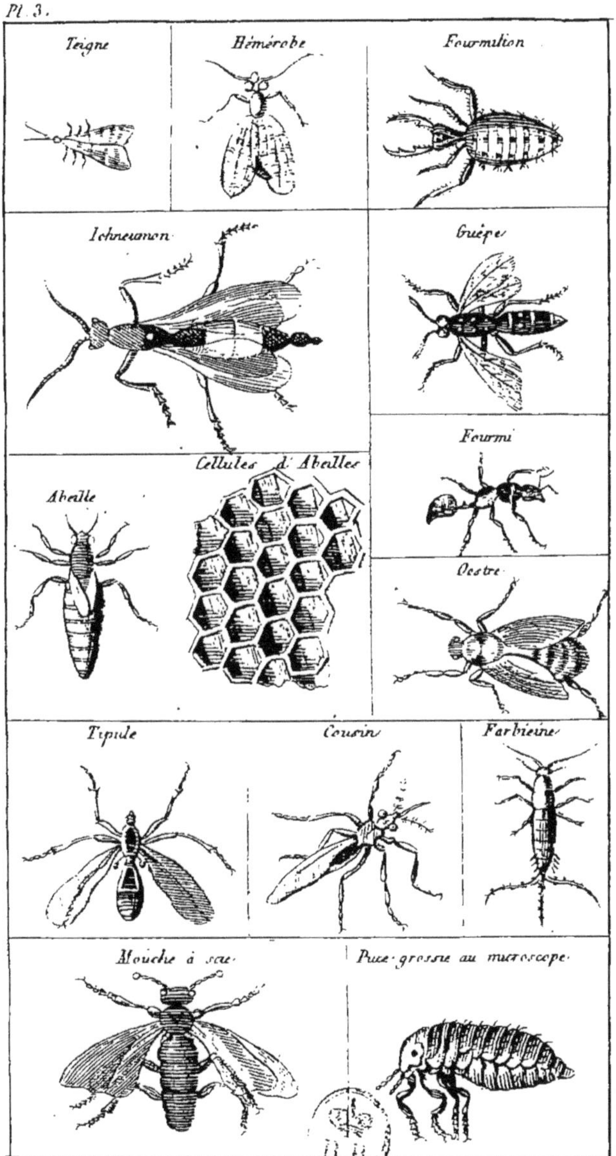
Teigne
Hémérobe
Fourmilion
Ichneumon
Guêpe
Fourmi
Cellules d'Abeilles
Abeille
Oestre
Tipule
Cousin
Farbicine
Mouche à scie
Puce grossie au microscope

Pl. 4.

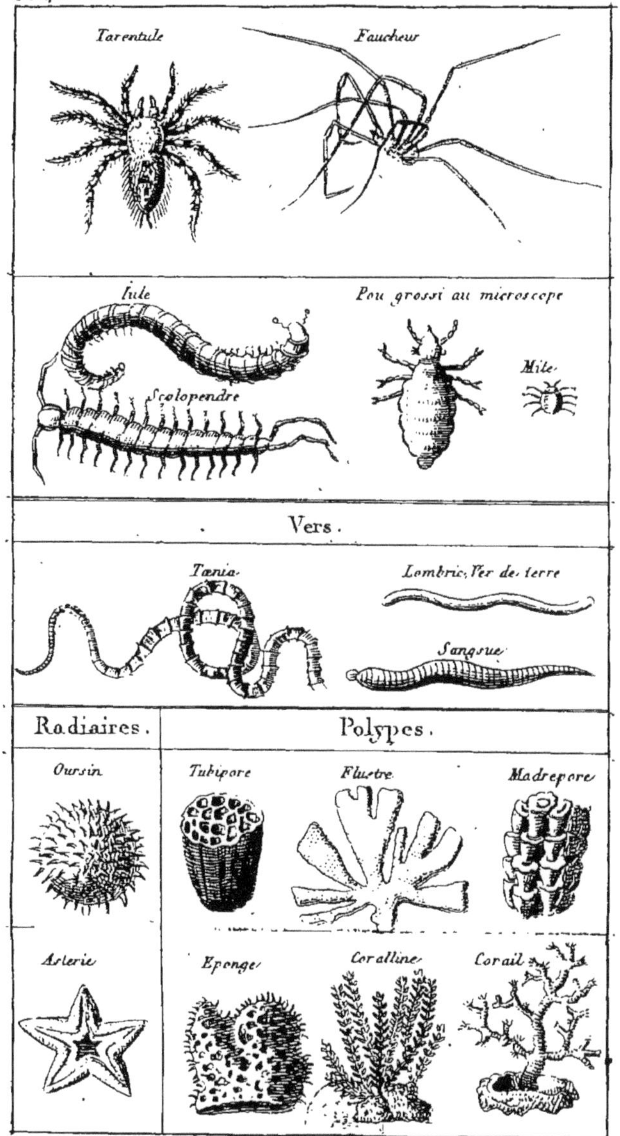
Tarentule
Faucheur
Iule
Pou grossi au microscope
Mite
Scolopendre
Vers.
Tænia
Lombric, Ver de terre
Sangsue
Radiaires.
Polypes.
Oursin
Tubipore
Flustre
Madrepore
Asterie
Eponge
Coralline
Corail

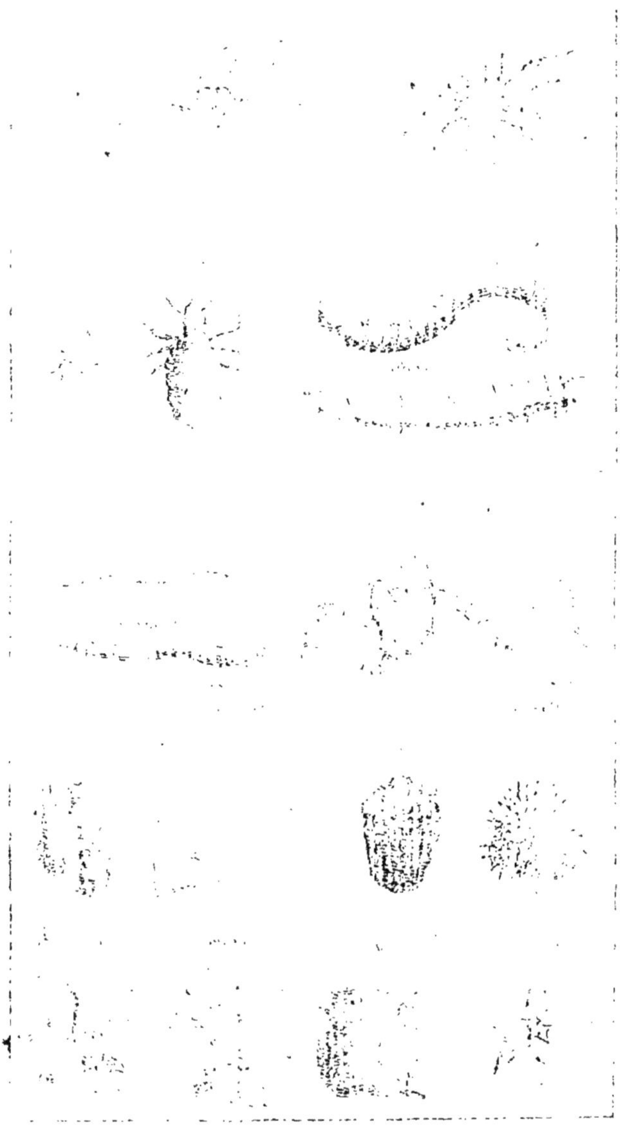

Pl. 1.

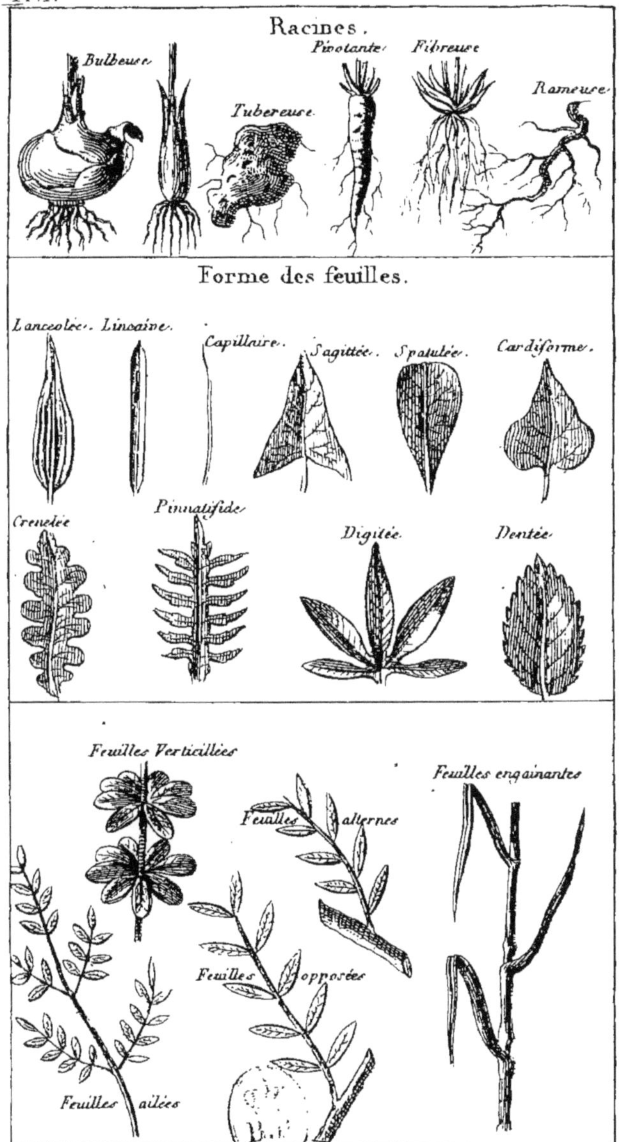
Racines.
Bulbeuse.
Tubereuse.
Pivotante.
Fibreuse
Rameuse.
Forme des feuilles.
Lanceolée.
Lineaire.
Capillaire.
Sagittée.
Spatulée.
Cardiforme.
Crenelée
Pinnatifide.
Digitée.
Dentée.
Feuilles Verticillées
Feuilles alternes
Feuilles engainantes
Feuilles opposées
Feuilles ailées

Pl. 2.

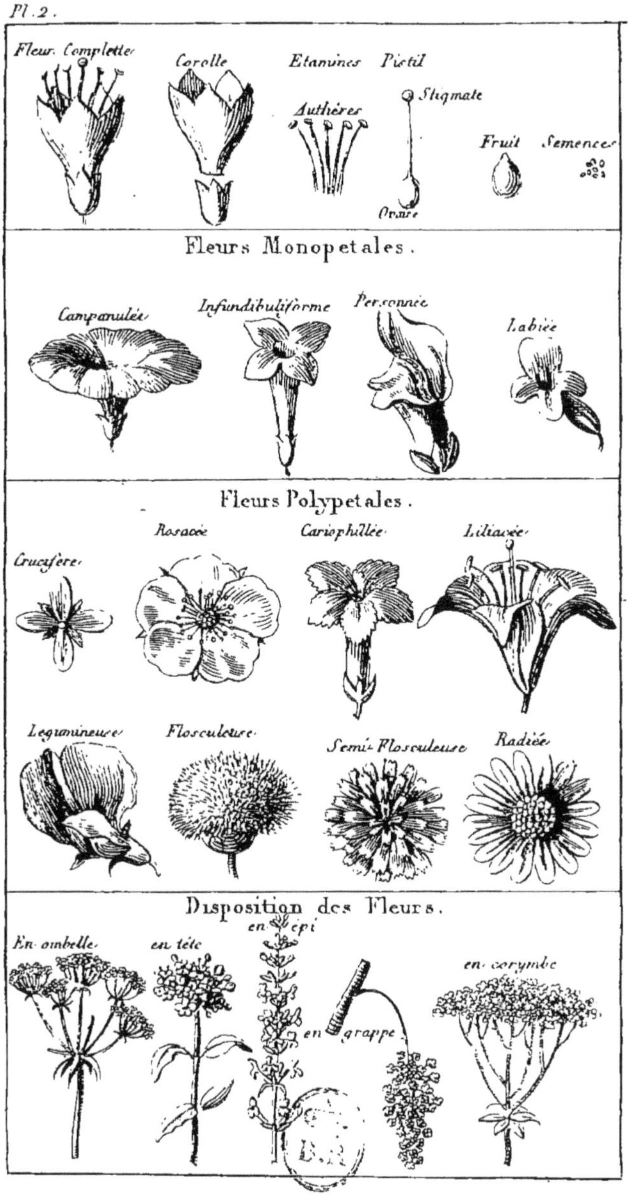
Fleur Complette
Corolle
Etamines
Pistil
Stigmate
Anthères
Fruit
Semences
Ovaire
Fleurs Monopetales.
Campanulée
Infundibuliforme
Personnée
Labiée
Fleurs Polypetales.
Rosacée
Cariophillée
Liliacée
Crucifère
Legumineuse
Flosculeuse
Semi-Flosculeuse
Radiée
Disposition des Fleurs.
En ombelle
en tête
en épi
en grappe
en corymbe

www.ingramcontent.com/pod-product-compliance
Ingram Content Group UK Ltd.
Pitfield, Milton Keynes, MK11 3LW, UK
UKHW031847260826
14628UKWH00002B/642

9 782013 089623